21世纪交通版高等学校教材

机 场 工 程 系 列 教 材

机场工程测量

Airport Engineering Survey

种小雷　王观虎　史业宏　编　著

蔡良才　主　审

人民交通出版社股份有限公司
China Communications Press Co.,Ltd.

内 容 提 要

本书系统介绍了机场工程测量的基本理论和方法,全书共分 10 章,主要内容为:绪论、水准测量、角度测量、距离测量和直线定向、全站型电子速测仪、测量误差的基本知识、控制测量、地形图的基本知识、机场勘测规划阶段的测量工作和机场飞行区施工测量等。

本书可作为机场工程专业的本科教材,也可供公路工程、城市道路工程、城市规划设计等相关专业师生和其他从事机场工程设计、施工及管理的工程技术人员参考使用。

图书在版编目(CIP)数据

机场工程测量 / 种小雷,王观虎,史业宏编著. —
北京 : 人民交通出版社股份有限公司,2015.9
　21 世纪交通版高等学校教材. 机场工程系列教材
　ISBN 978-7-114-12497-6

　Ⅰ. ①机… 　Ⅱ. ①种… ②王… ③史… 　Ⅲ. ①机场—建筑工程—工程测量—高等学校—教材 　Ⅳ. ①TU248.6

　中国版本图书馆 CIP 数据核字(2015)第 218471 号

21世纪交通版高等学校教材
机 场 工 程 系 列 教 材

书　　　名:**机场工程测量**
著 作 者:种小雷　王观虎　史业宏
责任编辑:李　喆
出版发行:人民交通出版社股份有限公司
地　　　址:(100011)北京市朝阳区安定门外外馆斜街 3 号
网　　　址:http://www.ccpress.com.cn
销售电话:(010)59757973
总 经 销:人民交通出版社股份有限公司发行部
经　　　销:各地新华书店
印　　　刷:北京盈盛恒通印刷有限公司
开　　　本:787×1092　1/16
印　　　张:11.5
字　　　数:265 千
版　　　次:2015 年 9 月　第 1 版
印　　　次:2015 年 9 月　第 1 次印刷
书　　　号:ISBN 978-7-114-12497-6
定　　　价:30.00 元
(有印刷、装订质量问题的图书由本公司负责调换)

出 版 说 明

随着近些年来我国经济的快速发展和全球经济一体化趋势的进一步加强,科技对经济增长的作用日益显著,教育在科技兴国战略和国家经济与社会发展中占有重要地位。特别是民航强国战略的提出和"十二五"综合交通运输体系发展规划的编制,使航空运输在未来交通运输领域的地位和作用愈加显著。机场工程作为航空运输体系中重要的基础设施之一,发挥着至关重要的作用。据不完全统计,我国"十二五"期间规划的民用改扩建机场达110余座,迁建和新建机场达80余座,开展规划和前期研究建设机场数十座,通用航空也迎来大发展的机遇,我国机场工程建设到了一个新的发展阶段。

国内最早的机场工程本科专业于1953年始建于解放军军事工程学院,设置的主要专业课程有:机场总体设计、机场道面设计、机场地势设计、机场排水设计和机场施工。随着近年机场工程的发展,开设机场工程专业方向的高校数量不断增多,但是在机场工程专业人才培养过程中也出现了一些问题和不足。首先,专业人才数量不能满足社会需求。机场工程专业人才培养主要集中在少数院校,实际人才数量不能满足机场工程建设的需求。其次,专业设置不完备,人才培养质量有待提高。目前很多院校在土木工程专业和交通工程专业下设置了机场工程专业方向,限于专业设置时间短、师资力量不足、培养计划不完善、缺乏航空专业背景支撑等各种原因,培养人才的专业素质难以达到要求。此外,我国目前机场工程专业教材总体数量少、体系不完善、教材更新速度慢等因素,也在一定程度上阻碍了机场工程专业的发展。为了更好地服务国家机场建设,推动机场工程专业在国内的发展,总结机场工程教学的经验,编写一套体系完善,质量水平高的机场工程教材就显得很有必要。

教材建设是教学的重要环节之一,全面做好教材建设工作是提高教学质量的重要保证。我国机场工程教材最初使用俄文原版教材,经过几年的教学实践,结合我国实际情况,以俄文原版教材为基础,编写了我国第一版机场工程教材,这批教材是国内机场工程专业教材的基础,期间经历了内部印刷使用、零星编写出版、核心课程集中编写出版等阶段。在历次机场工程教材编写工作的基础上,空军工程大学精心组织,选择了理论基础扎实、工程实践经验丰富、研究成果丰硕的专家组成编写组,保证了教材编写的质量。编写者经过认真规划,拟定编写提纲、遴选编写内容、确定了编写纲目,形成了较为完整的机场工程教材体系。本套教材共计14本,涵盖了机场工程的勘察、规划、设计、施工、管理等内容,覆盖了机场工程专业的全部专业课程。在编写过程中突出了内容的规范性和教材的特点,注意吸收了新技术和新规范的内容,不仅对在校学生,同时对于工程技术人员也具有很好的参考价值。

本套教材编写周期近三年,出版时适逢我国机场工程建设大发展的黄金期,希望该套教材的出版能为我国机场工程专业的人才培养、技术发展有一些推动,为我国航空运输事业的发展做出贡献。

编写组

2014 年于西安

前　　言

　　机场工程测量以普通测量学理论为基础,内容涵盖了测量学基本理论以及机场勘测设计、施工、维护管理等各阶段测量工作的理论和方法,是机场工程专业的一门重要专业基础课。

　　长期以来,机场工程专业测量学教学均采用土木工程专业通用测量学教材,在一段时期内基本满足了教学的要求。近年来,随着机场工程建设的发展和对人才培养要求的不断提高,通用教材针对性不强、缺少机场工程特有测量内容的不足日益突出。针对这种状况,结合机场工程建设实际工作需求,编写本教材。

　　教材共分 10 章,主要内容为:绪论、水准测量、角度测量、距离测量和直线定向、全站型电子速测仪、测量误差的基本知识、控制测量、地形图的基本知识、机场勘测规划阶段的测量工作和机场飞行区施工测量。内容以普通测量学为主,同时也介绍了机场工程特有净空测量、导航台站测量、飞行区施工测量等内容。

　　全书由种小雷主编,第 1、2、7、9、10 章由种小雷编写,第 3、4、8 章由王观虎编写,第 5、6 章由史业宏编写,全书由空军工程大学蔡良才教授主审。

　　鉴于编者的理论水平和实践经验有限,加之编写时间仓促,书中错漏和不妥之处在所难免,恳请读者批评指正,以便进一步修正完善。

编　者

2015 年 4 月

目　　录

第一章 绪 论

第一节 测量学的分类及内容

一、测量学简介

测量学是一门古老的学科。相传早在 2000 多年前的夏商时代,夏禹在黄河两岸利用简单工具进行测量治理水患,司马迁在《史记》中所描述的"左准绳"、"右规矩"就是当时的工程勘测情景,准绳和规矩就是当时所用的测量工具。秦代李冰父子领导修建的都江堰水利枢纽工程,曾用一个石头人来标定水位,当水位超过石头人的肩时,下游将受到洪水的威胁;当水位低于石头人的脚背时,下游将出现干旱。这种标定水位的办法与现代水位测量的原理完全相同。宋代沈括曾用水平尺、罗盘进行地形测量,创立了分层筑堰的方法,并制作了表示地形的立体模型,比欧洲最早的地形模型早 700 余年。元代郭守敬创造了多种天文测量仪器,在全国进行了大规模的天文观测,共实测了 72 个点,并首创以海平面为基准来比较不同地点的地势高低。明代郑和 7 次下西洋,绘制了中国第一部《航海图》。清代康熙新定以二百里折合地球子午线一度(清代 1 度为 1 800 尺,1 尺折合经线长度为 0.01s)是世界上以经线弧长作为长度标准之始,并于 1781 年完成了《皇舆全图》。纵观历史,可以说测量学是从人类生产实践中逐渐发展起来的一门历史悠久的学科。

测量学是研究地球的形状和大小以及确定地面(包含空中、地下和海底)点位的科学。测量学的主要研究对象是地球的形状和大小,地球重力场,地球表面的地物、地貌的几何形状和其空间位置。地物是指地面上天然或人工形成的物体,包括湖泊、河流、海洋、房屋、道路、桥梁等。地貌是指地表高低起伏的形态,包括山地、丘陵和平原等。地物和地貌总称地形。

测量学的内容包括测定和测设两个部分。测定(亦称测图)是指使用测量仪器和工具,通过测量和计算,得到一系列测量数据或把局部地球表面的自然地形和人工建筑物的位置用符号缩绘到图纸上,以供科学研究、规划设计和国防建设使用。测设(亦称放样)是把设计图纸上的建筑物和构筑物按设计要求标定到地面上,作为施工的依据。

测量学按照研究范围和对象的不同,一般可分为大地测量学、普通测量学、摄影测量与遥感学、地图制图学与地理信息系统和工程测量学等。

1. 大地测量学

大地测量学是研究和确定地球形状、大小、重力场、整体与局部运动和地表面点的几何位置以及它们变化的理论与技术的学科。其基本任务是建立国家大地控制网,测定地球的形状、大小和重力场,为地形测图和各种工程测量提供基础起算数据;为空间科学、军事科学及研究地壳变形、地震预报等提供重要资料。按照测量手段的不同,大地测量学又可分为常规大地测量学、卫星大地测量学及物理大地测量学等。

2. 普通测量学

普通测量学是研究地球表面较小区域内测绘工作的基本理论、技术、方法和应用的学科，是测量学的基础部分。它不考虑地球曲率的影响，将地球表面看作平面。

3. 摄影测量与遥感学

摄影测量与遥感学是研究利用电磁波传感器获取目标物的影像数据，从中提取语义和非语义信息，并用图形、图像和数字形式表达的学科。其基本任务是通过对摄影像片或遥感图像进行处理、量测、解译，以测定物体的形状、大小和位置进而制作成图。根据获得影像的方式及遥感距离的不同，又可分为地面摄影测量学、航空摄影测量学和航天遥感测量等。

4. 地图制图学与地理信息系统

地图制图学是研究地图基本理论、制图技术和地图应用的综合学科。它的基本任务是利用各种测量成果编制各类地图，其内容一般包括地图投影、地图编制、地图整饰和地图制印等分支。随着计算机技术的发展，传统的人工制图已经逐步被计算机辅助制图所替代，并向地理信息系统方向发展。

地理信息系统是指"在计算机软硬件支持下，对地理空间数据进行采集、存储、管理、处理、分析、建模、显示、输出，以提供对资源、环境及各种区域性研究、规划、管理与决策所需信息的人机系统。"它不仅对地理空间数据具有良好的组织管理能力，更重要的是可以通过地理空间分析产生常规方法难以得到的分析决策信息，并可在系统的支持下进行空间过程演化的模拟和预测。

5. 工程测量学

工程测量学是研究工程建设在勘测设计、施工过程及运营管理阶段所进行的一切测量工作的学科。工程测量学是一门应用科学，它是在数学、物理学等相关学科的基础上应用各种测量技术和手段解决工程建设中有关测量问题的学科。

工程测量学的主要任务是研究工业建设、城市建设、国土资源开发、道路桥梁建设、环境工程及减灾救灾等事业中地形和相关信息的采集与处理，控制网建立与施工放样、设备安装、变形监测与分析预报等领域的理论与技术以及相关信息的管理、使用。若按工程进程和作业性质划分，工程测量可分为勘察设计、施工建设和运营管理阶段所进行的各种测量工作。

此外，测量学还可分为天文测量、陆地测量、海洋测量、军事测量、城市测量、房产测量、地籍测量等。

二、机场工程测量的内容

机场是供飞机起飞降落、停放、维护和组织飞行保障活动的场所。它主要由跑道、滑行道、停机坪、航站楼等设施组成。机场工程测量是围绕机场工程设施建设而开展的测量工作，主要介绍机场工程勘测设计、施工和维护管理各阶段中测量工作的理论、方法和技术，其理论基础为普通测量学和部分工程测量学。

1. 机场勘测设计阶段的测量工作

在机场勘测设计阶段，测量工作的主要内容为测绘各种比例尺的地形图，以及配合工程地质勘察、水文地质勘探等进行的测量工作，其主要任务是为机场选址、可行性研究、规划、设计和施工提供原始资料及科学依据。具体工作包括机场定位测量、地形图应用分析、地形测量、净空测量、方格网地形图测量以及场区控制测量等。

2. 机场施工阶段的测量工作

在施工建设阶段,测量工作主要是进行施工放样,把图上设计的跑道、滑行道、停机坪等建筑物按设计的三维坐标放样到实地上。为此,要根据工程需要建立不同形式的施工控制网,作为施工放样、地形测图的基础。机场施工期间,测量是关键的工序之一,从最初的定位放线,到每一道工序的施工验收以及最后的竣工验收,都存在着测量工作的踪迹。

3. 机场维护管理阶段的测量工作

在维护管理阶段,为确保机场使用安全,需对机场运行环境和主要设施的变化进行监测,主要集中在对旧道面高程、位置的测量,净空区障碍物变化的测量,机场改扩建期间的测量和部分道面的变形测量。

三、机场工程测量的学习内容及学习目标

机场工程测量以机场为研究对象,主要内容涵盖了普通测量学理论和部分工程测量,根据机场工程实际工作需要,应掌握以下学习内容与目标。

1. 学习内容

(1)测量的基础理论。机场工程测量的基础理论和普通测量学的基本理论相同,主要包括水准仪、经纬仪、全站仪、罗盘仪等测量仪器的使用,测量误差的基本知识及控制测量的基本原理。

(2)地形图测图原理与应用。机场勘测设计阶段的主要依据是地形图,所以这个阶段的测量工作主要是地形图测量原理和地形图的应用。

(3)机场施工测量。机场施工阶段的测量工作主要是在工程建设阶段进行的施工测量,主要研究施工阶段飞行区及其附属工程施工放样的理论和方法。

2. 学习目标

通过本课程的学习,要求学生实现以下目标:掌握测量学的基本概念、基本知识、基本理论和基本技能;能正确使用常用的测量仪器和工具进行简单的测量工作,并对先进测量技术和方法有一定的了解;熟悉地形图的基本知识,了解地形图测绘的基本过程;了解当前国内外机场工程测量的现状和发展趋势;在机场工程设计和施工中,具有正确应用有关测量资料和进行一般工程施工测量的能力,最终达到能灵活地运用所学的测量知识为机场工程工作服务的目的。

第二节 地面点位的确定

测量学的基本任务是将地球表面的地物和地貌测绘成地形图,因此确定地面点的位置就是测量学最基本的任务。地面点位置的确定必须要建立一个基准框架,而要建立基准框架,就必须了解地球的形状及地球椭球体。

一、地球的形状和大小

测量工作大多是在地球表面上进行的,但地球表面很不规则,有高山、丘陵、平原和海洋。

其中最高的珠穆朗玛峰高出海水面 8 844.43m，最低的马里亚纳海沟低于海水面达 11 022m，其相对高差接近 20km，但是这样的高低起伏，与地球半径 6 371km 相比还是很小的。就整个地球表面而言，陆地面积仅占 29%，而海洋面积占了 71%。在这样一个表面进行测量工作时，应掌握重力、铅垂线、水准面、大地水准面、参考椭球面和法线的概念及关系。

如图 1-1a)所示，由于地球自转，其表面的质点 P 除受万有引力的作用外，还受到离心力的影响。万有引力和离心力的合力称为重力，重力的方向称为铅垂线方向，铅垂线是实际测量工作的基准线。

设想地球的整体形状是被海水所包围的球体，即设想将一个静止的海洋面扩展延伸，使其穿过大陆和岛屿，形成一个封闭的曲面，即静止的海水面，称为水准面，如图 1-1a)所示。水准面的特性是处处与铅垂线相垂直。同一水准面上各点的重力位相等，故又将水准面称为重力等位面，它具有几何意义及物理意义。由于海水受潮汐风浪等影响而时高时低，水准面有无穷多个，其中与平均海水面相吻合的水准面称为大地水准面，如图 1-1b)所示。大地水准面是实际测量工作的基准面。由大地水准面所包围的形体称为大地体。通常用大地体来代表地球的真实形状和大小。

由于地球内部质量分布不均匀，地面上各点的铅垂线方向产生不规则变化，所以，大地水准面是一个不规则的无法用数学式表述的曲面，在这样的面上是无法进行测量数据的计算及处理的。因此，人们进一步设想，用一个与大地体非常接近的又能用数学式表述的规则球体即旋转椭球体来代表地球的形状，通常是由椭圆 NESW 绕短轴 NS 旋转而成，如图 1-1b)所示。某一国家或地区为处理测量成果而采用与大地体的形状大小最接近，又适合本国或本地区要求的旋转椭球，这样的椭球体称为参考椭球体。确定参考椭球体与大地体之间的相对位置关系，称为椭球体定位。参考椭球体的表面称为参考椭球面，参考椭球面只具有几何意义而无物理意义，它是严格意义上的测量计算基准面。

由地球表面任意一点向参考椭球面所作的垂线称为法线，法线是测量计算工作的基准线，地表点的铅垂线与法线一般不重合，其夹角 δ 称为垂线偏差，如图 1-1b)所示。

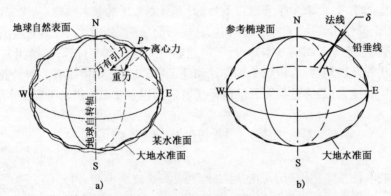

图 1-1 地球自然表面、水准面、大地水准面、参考椭球面，铅垂线与法线间的关系

决定参考椭球面形状和大小的元素是长半轴 a、短半轴 b，此外根据 a 和 b，还定义了扁率 α，即：

$$\alpha = \frac{a-b}{a} \tag{1-1}$$

几个世纪以来,许多学者分别测算出了许多椭球体元素值,表1-1列出了几个著名的椭球体。1954 北京坐标系采用的是克拉索夫斯基椭球,1980 国家大地坐标系(National Geodetic Goordinete System 1980)采用的是 1975 国际椭球,而全球定位系统(Global Positioning System, GPS)采用的是 WGS-84 椭球。

地球椭球体参数　　　　　　　　　　　　　　　　　　　　　　　表 1-1

椭球名称	长半轴 a (m)	短半轴 b (m)	扁率 α	计算年代(年) 国家	备　注
贝塞尔椭球	6 377 397	6 356 079	1:299.152	1841 德国	
海福特椭球	6 378 388	6 356 912	1:297.0	1909 美国	1942 年国际第一个推荐值
克拉索夫斯基椭球	6 378 245	6 356 863	1:298.3	1940 前苏联	中国 1954 北京坐标系采用
1975 国际椭球	6 378 140	6 356 755	1:298.257	1975 国际第三个推荐值	中国 1980 国家大地坐标系采用
WGS-84 椭球	6 378 137	6 356 752	1:298.257	1979 国际第四个推荐值	美国 GPS 采用

由于参考椭球的扁率很小,在小区域的普通测量中可将地(椭)球看作圆球,其半径为 6 371km。

从以上叙述可以看出,地球的自然表面是一个高低起伏极不规则的曲面,当人们引入了大地水准面的概念之后,地球表面就成了一个较地球自然表面规则且光滑的封闭曲面,但它的精确形态目前还无法用数学模型来描述。如果将地面各点投影到这样复杂的曲面上,根本无法进行测量计算工作。旋转椭球是可以用数学公式严格表示的,因此,测量上就是用这个旋转椭球体的表面来近似代替大地水准面,并以此作为测量计算和制图的基准面。地球的表面尽管有这样大的高低起伏,但从宏观上来看,这些高低差异与巨大的地球半径(平均为 6 371km)相比,仍可忽略不计。因此,在一般的公式推导和工程应用中直接把地球当作圆球看待。然而,要把球面上测量的数据展绘为平面图形,其中的计算是很复杂的,所以,当测区面积不大(半径为 10km 范围内)时地球形状可看作水平面。

二、确定地面点位的方法

测量工作的基本任务是确定地面点的位置,确定地面点的空间位置需要用 3 个物理量,即地面点投影到基准面上的坐标和地面点沿投影方向到基准面的距离(点的高程)。在实际工作中,根据不同的需要可以采用不同的坐标系和高程系。

1. 地理坐标系

当研究和测定整个地球的形状或进行大区域的测绘工作时,可用地理坐标来确定地面点的位置。地理坐标是一种球面坐标,依据球体的不同可分为天文坐标和大地坐标。

(1)天文坐标

以大地水准面为基准面,地面点沿铅垂线投影在该基准面上的位置,称为该点的天文坐标。该坐标用天文经度和天文纬度表示。如图 1-2 所示,将大地体看作地球,NS即为地球的自转轴,N 为北极,S 为南极,O 为地球体中心。

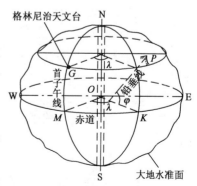

图 1-2　天文坐标

包含地面点 P 的铅垂线且平行于地球自转轴的平面称为 P 点的天文子午面。天文子午面与地球表面的交线称为天文子午线,也称经线。而将通过英国格林尼治天文台埃里中星仪的子午面称为起始子午面,相应的子午线称为起始子午线或零子午线,并作为经度计量的起点。过点 P 的天文子午面与起始子午面所夹的两面角称为 P 点的天文经度,用 λ 表示,其值为 $0 \sim 180°$,在本初子午线以东的为东经,以西的为西经。

通过地球体中心 O 且垂直于地轴的平面称为赤道面。它是纬度计量的起始面。赤道面与地球表面的交线称为赤道。其他垂直于地轴的平面与地球表面的交线称为纬线。过点 P 的铅垂线与赤道面之间所夹的线面角称为 P 点的天文纬度,用 φ 表示,其值为 $0 \sim 90°$,在赤道以北的称为北纬,以南的称为南纬。

天文坐标 (λ, φ) 是用天文测量的方法实测得到的。

(2)大地坐标

以参考椭球面为基准面,地面点沿椭球面的法线投影在该基准面上的位置,称为该点的大地坐标,其用大地经度和大地纬度表示。包含地面点 P 的法线且通过椭球旋转轴的平面称为 P 点的大地子午面。过 P 点的大地子午面与起始大地子午面所夹的两面角就称为 P 点的大地经度,用 L 表示,其值分为东经 $0 \sim 180°$ 和西经 $0 \sim 180°$。过点 P 的法线与椭球赤道面所夹的线面角就称为 P 点的大地纬度,用 B 表示,其值分为北纬 $0 \sim 90°$ 和南纬 $0 \sim 90°$。大地坐标 (L, B) 是根据起始大地点(又称大地原点)的坐标,按大地测量所得的数据推算而得。大地原点,亦称大地基准点,是国家水平控制网中推算大地坐标的起算点。大地原点是人为界定的一个点,利用它我们可以准确地知道自己的地理位置所在,是科学家们勘察计算了很久才确定的一个点。大地原点是建立国家坐标系最关键的点,即确定国家坐标系椭球位置的点,但并不是指中国的几何中心或坐标的零点。大地原点确定后,从原点再延伸出去推算国家的其他测量点坐标,成为国家和城市建立坐标系的依据。

我国统一使用过的大地坐标系有 1954 北京坐标系和 1980 西安坐标系。1954 北京坐标系采用克拉索夫斯基椭球,并与前苏联 1942 坐标系进行联测,通过计算建立了我国大地坐标系,定名为 1954 北京坐标系(BJ54)。因此,1954 北京坐标系可以认为是前苏联 1942 坐标系的延伸,它的大地原点不在北京,而在前苏联的普尔科沃。1980 西安坐标系,采用 1975 国际大地测量与地球物理联合会推荐的椭球(简称 1975 国际椭球),建立了"1980 西安坐标系"(GDZ80),简称 80 西安系。"1980 西安坐标系"以陕西省泾阳县永乐镇石际寺村大地原点为起算点,由此建立大地坐标系统。

我国自 2008 年 7 月 1 日起,启用 2000 国家大地坐标系,2000 国家大地坐标系与现行国家大地坐标系转换、衔接的过渡期为 $8 \sim 10$ 年。2000 国家大地坐标系简称 CGCS2000 即 China Geodetic Coordinate System 2000,是全球地心坐标系在我国的体现。其原点为包括海洋和大气的整个地球的质量中心,为地心空间直角坐标系,Z 轴为国际地球旋转局参考极方向;X 轴为国际地球旋转局的参考子午面与垂直于 Z 轴的赤道面的交线;Y 轴与 Z 轴、X 轴构成右手正交坐标系。

2. 平面直角坐标系

地理坐标为球面坐标,计算复杂,对一般测量工作而言使用起来极不方便,因此实际工作中经常使用平面直角坐标系,下面是常用的两种平面直角坐标系统。

（1）独立平面直角坐标

大地水准面虽然是曲面，但当测区的范围较小（如半径不大于10km的范围）时，可以忽略地球曲率的影响，用测区中心点的切面来代替球面，地面点在投影面上的位置就可以用平面直角坐标来确定。测量工作中采用的平面直角坐标如图1-3所示。规定南北方向为纵轴，并记为X轴，X轴向北为正，向南为负；以东西方向为横轴，并记为Y轴，Y轴向东为正，向西为负。平面直角坐标系中象限按顺时针方向编号，X轴与Y轴互换，这与数学上的规定是不同的，其目的是为了定向方便，将数学中的公式直接应用到测量计算中，不需做任何变更。原点O一般选在测区西南角，使测区内各点的坐标均为正值。

机场工程测量中，经常建立机场独立坐标系。机场独立坐标系以跑道中线中点为坐标原点，以跑道中线和垂直跑道中线方向为坐标轴，其投影面为固定基准面的平面直角坐标系。

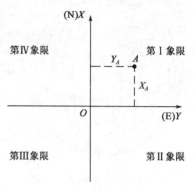

图1-3 测量平面直角坐标系

（2）高斯平面直角坐标系

当测区范围较大时，要建立平面坐标系，就不能忽略地球曲率的影响，为了解决球面与平面这对矛盾，则必须采用地图投影的方法将球面上的大地坐标转换为平面直角坐标。目前我国采用的是高斯投影，高斯投影是由德国数学家、测量学家高斯提出的一种横轴等角切椭圆柱投影，该投影解决了将椭球面转换为平面的问题。从几何意义来看，假设一个椭圆柱横套在地球椭球体外并与椭球面上的某一条子午线相切，这条相切的子午线称为中央子午线。假想在椭球体中心放置一个光源，通过光线将椭球面上一定范围内的物象映射到椭圆柱的内表面上，然后将椭圆柱面沿一条母线剪开并展成平面，即获得投影后的平面图形，如图1-4所示。

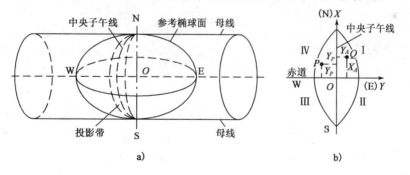

图1-4 高斯平面坐标系投影图

该投影的经纬线图形具有以下特点：

①投影后的中央子午线为直线，无长度变化，其余的经线投影为凹向中央子午线的对称曲线，长度较球面上的相应经线略长。

②赤道的投影也为一直线，并与中央子午线正交，其余的纬线投影为凸向赤道的对称曲线。

③经纬线投影后仍然保持相互垂直的关系，说明投影后的角度无变形。

高斯投影没有角度变形，但有长度变形和面积变形，离中央子午线越远，变形就越大，为了对变形加以控制,测量中采用限制投影区域的办法,即将投影区域限制在中央子午线两侧一定的范围,这就是所谓的分带投影,如图1-5所示。投影带一般分为6°带和3°带两种,如图1-6所示。

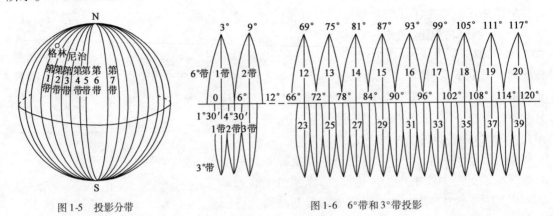

图1-5　投影分带　　　　　　　　　　　　图1-6　6°带和3°带投影

6°带投影是从英国格林尼治起始子午线开始,自西向东,每隔经差6°分为一带,将地球分成60个带,其编号分别为1,2,…,60。每带的中央子午线经度可用下式计算:

$$L_6 = (6n - 3)° \tag{1-2}$$

式中:n——6°带的带号。

6°带的最大变形在赤道与投影带最外一条经线的交点上,长度变形为0.14%,面积变形为0.27%。

3°投影带是在6°带的基础上划分的。每3°为一带,共120带,其中央子午线在奇数带时与6°带中央子午线重合,每带的中央子午线经度可用下式计算:

$$L_3 = 3°n' \tag{1-3}$$

式中:n'——3°带的带号。

我国领土位于东经72°~136°,共包括了11个6°投影带,即13~23带;22个3°投影带,即24~45带。

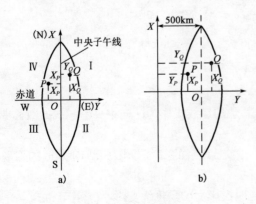

图1-7　高斯平面直角坐标

通过高斯投影,将中央子午线的投影作为纵坐标轴,用X表示;将赤道的投影作为横坐标轴,用Y表示;两轴的交点作为坐标原点,由此构成的平面直角坐标系称为高斯平面直角坐标系,如图1-7a)所示。对应于每一个投影带,就有一个独立的高斯平面直角坐标系,区分各带坐标系则使用相应投影带的带号。

在每一投影带内,Y坐标值有正有负,这对计算和使用均不方便,为了使Y坐标都为正值,故将纵坐标轴向西平移500km(半个投影带的最大宽度不超过500km),并在Y坐标前加上投影带的带号。

如图 1-7b）中的 P 点，其自然坐标为 $X=3\,395\,451\,\text{m}$，$Y=-82\,261\,\text{m}$，则经过纵轴平移后的坐标为 $X=3\,395\,451\,\text{m}$，$Y=417\,739\,\text{m}$。为了根据横坐标能确定该点位于哪一个 6°带内，还应在横坐标前冠以带号。例如，P 点在第 20 带内，则其横坐标最终表示为 $Y=20\,417\,739\,\text{m}$。

3. 高程

在一般的测量工作中，将大地水准面作为高程起算的基准面。因此，地面任一点沿铅垂线方向到大地水准面的距离称为该点的绝对高程或海拔，简称高程，用 H 表示，如图 1-8 所示，图中的 H_A、H_B 分别表示地面上 A、B 两点的高程。

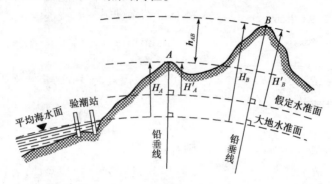

图 1-8 地面点的高程

为了建立一个全国统一的高程系统，必须确定一个统一的高程基准面，通常采用大地水准面即平均海水面作为高程基准面。我国采用青岛验潮站 1950~1956 年观测结果求得的黄海平均海水面作为高程基准面。根据这个基准面得出的高程称为"1956 黄海高程系"。为了确定高程基准面的位置，在青岛建立了一个与验潮站相联系的水准原点，并测得其高程为 72.289m，水准原点即作为全国高程测量的基准点。从 1989 年起，国家规定采用青岛验潮站 1952~1979 年的观测资料计算得出的平均海水面作为新的高程基准面，称为"1985 国家高程基准"。根据新的高程基准面，得出青岛水准原点的高程为 72.260m。因此，在使用已有的高程资料时，应注意不同高程系基准面高程的差异。

当测区附近暂没有国家高程点可联测时，也可临时假定一个水准面作为该区的高程起算面。地面点沿铅垂线至假定水准面的距离，称为该点的相对高程或假定高程，如图 1-8 中的 H_A'、H_B'，其分别为地面上 A、B 两点的假定高程。

地面上两点之间的高程之差称为高差，用 h 表示。例如，A 点至 B 点的高差可写为：

$$h_{AB} = H_B - H_A = H_B' - H_A' \tag{1-4}$$

由式（1-4）可知，高差有正、有负，并用下标注明其方向。

第三节 水平面代替水准面的限度

当测区范围较小时，可将大地水准面近似当作水平面看待。但测区范围究竟多大时，用水平面代替大地水准面所产生的距离和高差变形才不超过测图误差的允许范围呢？

图 1-9 中，设地面 C 点为测区中心点，P 为测区内任意一点，两点沿铅垂线投影到大地水

9

准面上的点分别为 c 点和 p 点。过 c 点作大地水准面的切平面，P 点在切平面上的投影为 p' 点。大地水准面的曲率对水平距离的影响为 $\Delta D = D' - D$，对高程的影响为 $\Delta h = \overline{pp'}$。

一、对距离的影响

由图 1-9 可知：

$$\Delta D = D' - D = R\tan\theta - R\theta = R(\tan\theta - \theta) \tag{1-5}$$

式中：θ——弧长 D 对应的圆心角；

R——地球半径。

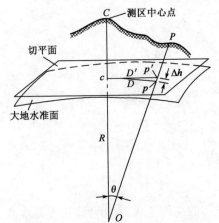

图 1-9　平面代替曲面对距离影响示意图

将 $\tan\theta$ 按泰勒级数展开，得：

$$\tan\theta = \theta + \frac{1}{3}\theta^3 + \cdots\cdots \approx \theta + \frac{1}{3}\theta^3 \tag{1-6}$$

将式(1-6)代入式(1-5)，并顾及 $\theta = \dfrac{D}{R}$，得：

$$\Delta D = \frac{D^3}{3R^2} \tag{1-7}$$

则有：

$$\frac{\Delta D}{D} = \frac{D^2}{3R^2} = \frac{1}{3}\left(\frac{D}{R}\right)^2 \tag{1-8}$$

取 $R = 6\,371\text{km}$，以不同的 D 值代入，求出距离误差 ΔD 值见表 1-2。由该表可知，当 $D = 10\text{km}$ 时，$\dfrac{\Delta D}{D} = \dfrac{1}{1\,200\,000}$，小于目前精密的距离测量误差，即使在 $D = 25\text{km}$ 时，$\dfrac{\Delta D}{D} = \dfrac{1}{200\,000}$，实际上将水准面当作水平面，即沿圆弧丈量的距离作为水平距离，其误差可忽略不计。

水平面代替水准面的距离误差和相对误差　　　　　　　　表 1-2

距离 D(km)	距离误差 ΔD(cm)	相对误差 $\Delta D/D$
10	0.8	1:1 200 000
25	12.8	1:200 000
50	102.7	1:49 000
100	821.2	1:12 000

因此，在半径为 10km 的范围内，即在面积约为 300km^2 的范围内，用水平面代替水准面对距离产生的影响可忽略不计。

二、对高程的影响

由图 1-9 可知：

$$\Delta h = \overline{Op'} - \overline{Op} = R\sec\theta - R = R(\sec\theta - 1) \tag{1-9}$$

将 $\sec\theta$ 按泰勒级数展开为：$\sec\theta = 1 + \dfrac{\theta^2}{2} + \dfrac{5}{24}\theta^4 + \cdots$，因 θ 角很小，故只取其前两项代入，

且因 $\theta = \dfrac{D}{R}$，则得：

$$\Delta h = \frac{D^2}{2R} \qquad\qquad (1\text{-}10)$$

取 $R = 6\,371\text{km}$，用不同距离 D 代入式(1-10)，得到表 1-3 所列的结果。

水平面代替水准面的高程误差 表 1-3

$D(\text{km})$	0.1	0.2	0.3	0.4	0.5	1	2	5	10
$\Delta h(\text{cm})$	0.08	0.3	0.7	1.3	2	8	31	196	785

由表1-3可知，以水平面代替水准面，在200m的距离内，有3mm的高程误差；在1km的距离内，高程误差就有8cm。因此，当进行高程测量时，一般应考虑水准面曲率(又称地球曲率)的影响，即使是很短的距离也应加以考虑。

第四节 测量工作概述

测量工作的基本任务是确定地面点的几何位置。确定地面点的几何位置需要进行一些测量的基本工作，为了保证测量成果的精度及质量需遵循一定的测量原则。

测量工作必须遵循的第一条基本原则是"从整体到局部，先控制后碎部"。测量工作的目的之一是测绘地形图，地形图是通过测量一系列碎部点(地物点和地貌点)的平面位置和高程，然后按一定的比例，应用地形图符号和注记缩绘而成。测量工作不能一开始就测量碎部点，而是先在测区内统一选择一些起控制作用的点，将它们的平面位置和高程精确地测量计算出来，这些点称为控制点，由控制点构成的几何图形称为控制网，然后再根据这些控制点分别测量各自周围的碎部点，进而绘制成图，如图1-10所示的多边形 ABCDEF 就是该测区的控制网。另外，从上述分析可知，当测定控制点的相对位置有错误时，以其为基础所测定的碎部点位也就有错误，碎部测量中有错误时，以此资料绘制的地形图也就有错误。因此，测量工作必须严格进行检核工作，故"前一步测量工作未做检核不进行下一步测量工作"是组织测量工作应遵循的又一个原则，它可以防止错漏发生，保证测量成果的正确性。

图 1-10 控制测量与碎部测量

上述测量工作的布局原则和程序,不仅适用于测定工作,也适用于测设工作。图1-10中,欲将图上设计好的建筑物 P、Q、R 测设于实地,作为施工的依据,必须先进行控制测量,将一起安置于控制点 A、F 上,进行建筑物测设。在测设工作中也要严格检核,以防出错。

综上所述,无论控制测量、碎部测量和施工测设,其实质都是确定地面点的位置,但控制测量是碎部测量和测设工作的基础。碎部测量是把地面上各点测绘到图纸上并绘制地形图,而测设工作是将图上设计的建筑物和构筑物的位置放样到地面上,作为施工的依据。而地面点间相互位置关系,是以水平角(方向)、距离和高差来确定的,因此,高程测量、水平角测量和距离测量是测量学的基本内容,测高程、测角和测距是测量的基本工作,观测、计算和绘图是测量工作的基本技能。

复习思考题

1. 测量学的研究对象是什么?

2. 测定与测设有哪些区别?

3. 大地水准面是什么?它在测量工作中的作用有哪些?

4. 绝对高程和相对高程是什么?两点之间绝对高程之差和相对高程之差是否相等?

5. 测量工作中所用的平面直角坐标系与数学上的有哪些不同之处?

6. 高斯投影是什么?高斯平面直角坐标系是怎样建立的?

7. 某点的经度为 $118°50'$,试计算它所在的 $6°$ 带和 $3°$ 带号,相应的 $6°$ 带和 $3°$ 带的中央子午线经度是什么?

8. 已知某点位于高斯投影 $6°$ 带第 20 号带,若该点在该投影带高斯平面直角坐标系中的横坐标 $Y = -306\,579.210\text{m}$,写出该点不包含负值且含有带号的横坐标 Y 及该带的中央子午线经度 L_0。

9. 测量工作的两个原则及其作用是什么?

10. 确定地面点位的三项基本测量工作是什么?

第二章 水 准 测 量

测量地面上各点高程的工作,称为高程测量。高程测量根据所使用的仪器和施测方法不同,分为水准测量、三角高程测量和气压高程测量。水准测量是利用水平视线来测量两点间的高差。因为水准测量的精度较高,所以其是高程测量中最主要的方法,普遍应用于国家高程控制测量、工程勘测和施工测量中。三角高程测量是测量两点间的水平距离或斜距和竖直角(即倾斜角),然后利用三角公式计算出两点间的高差。气压高程测量是利用大气压力的变化测量高差。机场工程中,对跑道、滑行道、停机坪等主要设施的高程有着严格的要求,故通常采用水准测量方法进行高程控制和施工测量,因此,本章重点介绍水准测量。

第一节 水准测量原理

水准测量是利用水准仪提供的一条水平视线,借助水准尺测定地面两点间的高差,从而由已知点高程及测得的高差求得待测点的高程,如图 2-1 所示。

图 2-1 中,已知 A 点的高程为 H_A,只要能测出 A 点至 B 点的高程之差,简称高差 h_{AB},则 B 点的高程 H_B 就可用下式计算求得:

$$H_B = H_A + h_{AB} \qquad (2-1)$$

用水准测量方法测定高差 h_{AB} 的原理如图 2-1 所示,在 A、B 两点上竖立水准尺,并在 A、B 两点之间安置一架可以得到水平视线的仪器即水准仪,设水准仪的水平视线截在水准尺上的位置分别为 M、N,过 A 点作一条水平线与过 B 点的竖线相交于 C 点。因为 BC 的高度就是 A、B 两点之间的高

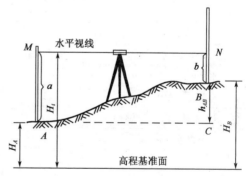

图 2-1 水准测量原理示意图

差 h_{AB},所以由矩形 $MACN$ 就可以得到计算 h_{AB} 的公式,即:

$$h_{AB} = a - b \qquad (2-2)$$

测量时,a、b 的值是用水准仪瞄准水准尺时直接读取的读数值。A 点为已知高程的点,通常称为后视点,其读数 a 为后视读数;而 B 点称为前视点,其读数 b 为前视读数。则两点之间的高差为后视读数减去前视读数,称为高差法,即:

$$h_{AB} = 后视读数 - 前视读数 \qquad (2-3)$$

还可以通过仪器的视线高 H_i 来计算 B 点的高程,称为仪高法,即:

$$H_i = H_A + a \qquad (2-4)$$

$$H_B = H_i - b \qquad (2-5)$$

综上所述,要测算地面上两点间的高差或点的高程,所依据的是一条水平视线,如果视线

不水平,则上述公式不成立,测算将发生错误。因此,视线必须水平,是水准测量中必须牢牢记住的操作要领。

<h2 style="text-align:center">第二节　水准仪和水准尺</h2>

一、水准仪的等级及用途

水准仪是水准测量的主要仪器,光学水准仪可分为微倾式水准仪和自动安平水准仪。前者完全根据水准管气泡安平仪器视线,后者先用水准气泡粗平,然后用水平补偿器自动安平视线。这类仪器均由人工通过对水准尺上分划进行读数和数据记录。现代的电子水准仪是利用条纹码水准尺和用仪器的光电扫描进行自动读数的水准仪,其置平方式属于自动安平。

水准仪按其所能达到的精度分为 DS_{05}、DS_1、DS_2、DS_3、DS_{10} 等几种等级(型号)。"D"和"S"分别为"大地测量"和"水准仪"汉语拼音的第一个字母,下标"05"、"1"、"3"、"10"等数字表示该类仪器的精度。DS_{05}、DS_1 水准仪属于精密水准仪,DS_2、DS_3、DS_{10} 属于普通水准仪。如果 DS 改为 DSZ,则表示该仪器为自动安平水准仪。表2-1列出了各等级水准仪的主要技术参数和用途。

水准仪系列技术参数及用途　　　　表2-1

参 数 名 称	水准仪 等级			
	DS_{05}	DS_1	DS_3	DS_{10}
每千米水准测量高差中误差(mm)	±0.5	±1	±3	±10
望远镜放大倍率不小于(倍)	42	38	28	20
水准管分化值(″/2mm)	10	10	20	20
自动安平精度(″/2mm)	±0.1	±0.2	±0.5	±2.0
圆水准器分化值(″/2mm)	8	8	8	10
测微器格值(mm)	0.05	0.05		
主要用途	国家一等水准测量	国家二等水准测量及精密水准测量	国家三四等水准测量及工程测量	工程及图根水准测量

二、微倾式水准仪

图2-2为在一般水准测量中使用较广的 DS_3 型微倾式水准仪,它由望远镜、水准器、基座3个主要部分组成。望远镜可以提供视线,并可读出远处水准尺上的读数。水准器用于指示仪器或视线是否处于水平位置。基座用于置平仪器,同时支承仪器的上部并能使仪器的上部在水平方向转动。

1. 望远镜

望远镜用来瞄准远处竖立的水准尺并读取水准尺上的读数,要求望远镜能看清水准尺上的分划和注记。望远镜结构如图2-3所示,由物镜、调焦透镜、十字丝分化板和目镜组成,其成像原理如图2-4所示,测量仪器上望远镜的放大率一般为20～45倍。

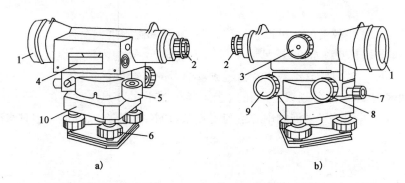

图 2-2　微倾式水准仪

1-物镜;2-目镜;3-调焦螺旋;4-管水准器;5-圆水准器;6-脚螺旋;7-制动螺旋;8-微动螺旋;9-微倾螺旋;10-基座

十字丝分划板是刻在玻璃片上的一组十字丝,被安装在望远镜筒内靠近目镜的一端。水准仪上十字丝的图形如图 2-3b)所示,水准测量中用它中间的横丝读取水准尺上的读数。十字丝交点和物镜光心的连线称为视准轴,也就是视线。视准轴是水准仪的主要轴线之一。

为了能准确地照准目标或读数,望远镜内必须同时能看到清晰的物像和十字丝。为此必须使物像落在十字丝分划板平面上。为了使离仪器不同距离的目标能成像于十字丝分划板平面上,望远镜内还必须安装一个调焦透镜(图 2-4)。观测不同距离处的目标,可旋转调焦螺旋改变调焦透镜的位置,从而能在望远镜内清晰地看到十字丝和所要观测的目标,即使物像落在十字丝分划板平面上。如果物像不在十字丝分划板平面上,观测者的眼睛在目镜端上、下微微移动时,物像与十字丝之间会产生相对移动,这种现象称为视差。视差会影响读数的正确性,读数前应消除它。消除视差的方法是:首先将望远镜对准明亮的背景,旋转目镜调焦螺旋,使十字丝清晰;然后将望远镜对准标尺,旋转物镜调焦螺旋使标尺成像清晰,同时眼睛在目镜端上、下微微移动,直至物像与十字丝之间无相对移动为止。

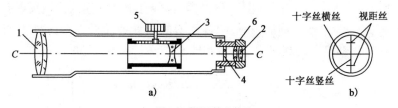

图 2-3　望远镜的构造

1-物镜;2-目镜;3-物镜调焦透镜;4-十字丝分划板;5-物镜调焦螺旋;6-目镜调焦螺旋

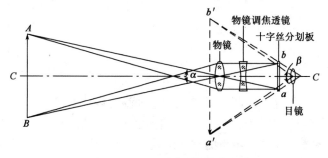

图 2-4　望远镜成像和放大原理

15

2. 水准器

水准器是用以置平仪器的一种设备,分为管水准器和圆水准器两种。

(1)管水准器。其又称水准管,是一个封闭的玻璃管,管的内壁在纵向磨成圆弧形,其半径可为 0.2~100m。管内盛放乙醇或者乙醚或者两者的混合液体,并留有一个气泡(图2-5)。管面上刻有间隔为 2mm 的分划线,分划的中点称为水准管的零点。过零点与管内壁在纵向相切的直线称为水准管轴。当气泡的中心点与零点重合时,气泡居中,气泡居中时水准管轴位于水平位置。

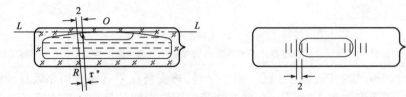

图 2-5 水准管(尺寸单位:mm)

水准管上一格(尺寸为 2mm)所对应的圆心角称为水准管的分划值。根据几何关系可以看出,分划值也是气泡移动一格水准管轴所变动的角值,如图2-6 所示。水准仪上水准管的分划值为 $10''\sim20''$,水准管的分划值越小,视线置平的精度越高。但水准管的置平精度还与水准管的研磨质量、液体的性质和气泡的长度有关。在这些因素的综合影响下,使气泡移动 0.1 格时水准管轴变动的角值称为水准管的灵敏度。能够被气泡移动反映出的水准管轴变动的角值越小,水准管的灵敏度就越高。

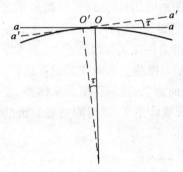

图 2-6 水准管分划值

为了提高气泡居中的精度,在水准管的上面安装一套棱镜组(图2-7),使两端各有半个气泡的像被反射到一起。当气泡居中时,两端气泡的像就能符合。故这种水准器称为符合水准器,是微倾式水准仪上普遍采用的水准器。

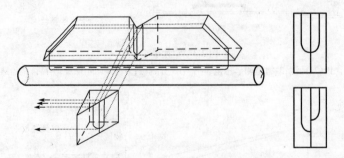

图 2-7 水准管与符合棱镜组

(2)圆水准器。一个封闭的圆形玻璃容器,顶盖的内表面为一球面,半径可为 0.12~0.86m,容器内盛乙醚类液体,留有一个小圆气泡(图2-8)。容器顶盖中央刻有一个小圈,小圈的中心是圆水准器的零点。通过零点的球面法线是圆水准器的轴,当圆水准器的气泡居中时,圆水准器的轴位于铅垂位置。圆水准器分划值是顶盖球面上 2mm 弧长所对应的圆心角值,水准仪上圆水准器的角值为 $8' \sim 15'$。

3. 基座

基座的作用是支撑仪器的上部,用中心螺旋将基座连接到三脚架上。基座由轴座、脚螺旋、底板和三角压板构成。

三、自动安平水准仪

自动安平水准仪的特点是只有圆水准器,没有水准管和微倾螺旋,粗平之后,借助自动补偿装置的作用,使视准轴水平,便可读出正确读数,如图 2-9 所示。自动安平水准仪的优点在于:由于无须精平,简化操作,缩短观测时间,还可防止观测者的疏忽,减小外界条件对测量成果的影响。现代各种精度等级的水准仪越来越多地采用自动补偿装置,可以说自动安平是水准仪制造的方向。

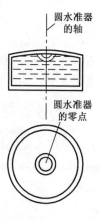

图 2-8　圆水准器

图 2-9　自动安平水准仪

国产自动安平水准仪的型号是在 DS 后加字母 Z,即 DSZ_{05}、DSZ_1、DSZ_3、DSZ_{10},Z 代表"自动安平"汉语拼音的第一个字母,其视线安平原理如图 2-10 所示。

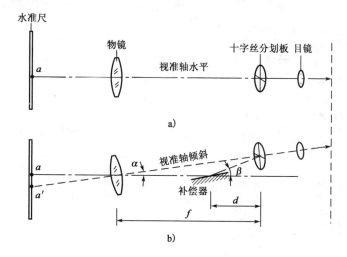

图 2-10　自动安平水准仪的基本原理

当视准轴水平时,设在水准尺上的正确读数为 a,因为没有管水准器和微倾螺旋,依据圆水准器将仪器粗平后,视准轴相对于水平面将有微小的倾斜角 α。如果没有补偿器,此时在水准尺上的读数设为 a',当在物镜和目镜之间设置有补偿器后,进入十字丝分划板的光线将全部偏转 β 角,使来自正确读数 a 的光线经过补偿器后正好通过十字丝分划板的横丝,从而读出视线水平时的正确读数。

四、水准尺、尺垫和三脚架

水准尺是水准测量时使用的标尺,其质量的好坏直接影响水准测量的精度,因此水准尺是用不易变形且干燥的优良木材或玻璃钢制成的,要求尺长稳定,刻划准确,长度为 2~5m。根据它们的构造,常用的水准尺可分为直尺(整体尺)和塔尺两种,如图 2-11 所示。直尺又有单面分划尺和双面(红黑面)分划尺之分。

水准尺尺面每隔 1cm 涂有黑白或红白相间的分格,每分米处注有数字,数字一般是倒写的,以便观测时从望远镜中看到的是正像字。

双面水准尺的两面均有刻划,一面为黑白分划,称为"黑面尺"(也称主尺),另一面为红白分划,称为"红面尺"。通常用两根尺组成一对进行水准测量,两根尺的黑白尺尺底均从零开始;而红面尺尺底一根从固定数值 4.687m 开始,另一根从固定数值 4.787m 开始,此数值称为零点差(或红黑面常数差)。水平视线在同一根水准尺上的黑面与红面的读数之差称为尺底的零点差,可作为水准测量时读数的检核。

塔尺是由 3 节小尺套接而成,不用时套在最下一节之内,长度仅为 2m。如把 3 节全部拉出可达 5m,塔尺携带方便,在使用时应注意塔尺的连接处,务必使套接准确稳固;塔尺一般用于地形起伏较大、精度要求较低的水准测量。

尺垫一般由三角形的铸铁制成,下面有 3 个尖脚,便于使用时将尺垫踩入土中,使之稳固。上面有一个突起的半球体,水准尺竖立于球顶最高点,如图 2-12 所示。在精度要求较高的水准测量中,转点处应放置尺垫,以防止观测过程中水准尺下沉或位置发生变化而影响读数。

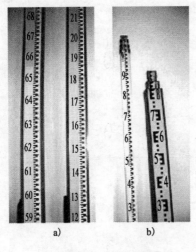

图 2-11　双面尺和塔尺

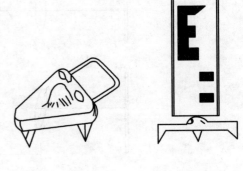

图 2-12　尺垫

三脚架是水准仪的附件,用以安置水准仪,由木质(或金属)制成,脚架一般可伸缩,便于携带及调整仪器高度,使用时用中心连接螺旋与仪器固紧。

五、水准仪的操作

1. 微倾式水准仪的使用

微倾式水准仪的操作步骤包括安置仪器、粗略整平、瞄准水准尺、精确置平和读数等。

(1)安置仪器

在测站打开三脚架,按观测者的身高调节三脚架腿的高度,为便于整平仪器,应使三脚架的架头大致水平,并将三脚架的3个脚尖踩实,使脚架稳定。然后将水准仪平稳地安放在三脚架头上,一手握住仪器,一手立即将三脚架连接螺旋旋入仪器基座的中心螺孔内,适度旋紧,防止仪器从架头上摔下来。

(2)粗略整平(粗平)

粗平即初步地整平仪器,粗平的目的是使仪器竖轴大致铅垂,从而使望远镜的视准轴大致水平。其操作是通过调节3个脚螺旋使圆水准器气泡居中,具体做法如图2-13所示(图中外围3个圆圈为脚螺旋,中间为圆水准器,小圆圈代表气泡所在位置)。首先用双手按箭头所指方向转动脚螺旋1、2,使圆气泡移到这两个脚螺旋连线方向的中间,然后再按图中箭头所指方向,用左手转动脚螺旋3,使圆气泡居中(即位于内部圆圈中央)。在整平过程中,气泡移动的方向与左手大拇指转动脚螺旋时的移动方向一致。

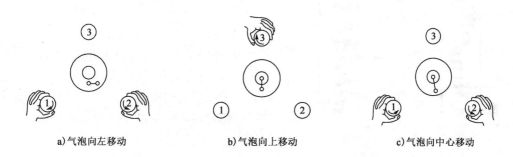

a)气泡向左移动　　　　　　b)气泡向上移动　　　　　　c)气泡向中心移动

图2-13　圆水准器气泡居中操作示意图

(3)瞄准水准尺

瞄准水准尺前,先将望远镜对着明亮的背景(如天空或白色明亮物体),转动目镜对光螺旋,使望远镜内的十字丝像十分清晰(此后瞄准目标时一般不需要再调节目镜对光螺旋)。然后松开制动螺旋,转动望远镜,用望远镜筒上方的缺口和准星瞄准水准尺,大致进行物镜对光,使在望远镜内看到水准尺像,此时立即拧紧制动螺旋,转动物镜对光螺旋进行仔细对光,使水准尺的分划像十分清晰,再转动水平微动螺旋,使十字丝的竖丝对准水准尺或靠近水准尺的一侧,如图2-14所示。可检查水准尺在左右方向是否倾斜,在瞄准过程中应注意消除视差。

(4)精确置平(精平)

转动位于目镜下方的微倾螺旋,从符合气泡观察窗内看到符合水准气泡严密吻合(居中),如图2-15所示。此时视线即为水平视线。

因粗略整平不完善(因为圆水准器灵敏度较低),故当瞄准某一目标精平后,仪器转到另一目标时,符合水准气泡将会有微小的偏离(不吻合)。因此在进行水准测量中,务必记住每次瞄准水准尺进行读数时,都应先转动微倾螺旋,使符合水准气泡严密吻合后,才能在水准尺上读数。

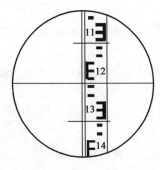

图 2-14   瞄准水准尺

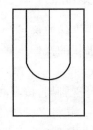

图 2-15   水准气泡的符合

（5）读数

仪器精平后,应立即用十字丝的中丝在水准尺上读数。读数时应从小数向大数读,一般应读出 4 位数,即依次读出米、分米、厘米及毫米值,毫米为估读,如图 2-16 中标出的各个读数。读数应迅速、果断、准确,读数后应立即重新检视符合水准气泡是否仍旧居中,如仍居中,则读数有效;否则应重新使符合水准气泡居中后再读数。

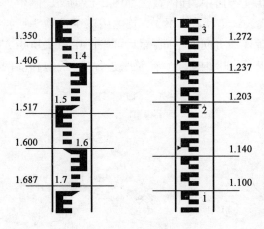

图 2-16   读数

2. 自动安平水准仪的使用

自动安平水准仪的使用方法较微倾式水准仪简便。首先也是用脚螺旋使圆水准器气泡居中,完成仪器的粗略整平;然后用望远镜照准水准尺,即可用十字丝横丝读取水准尺读数,所得的就是水平视线读数。

第三节   水准测量的方法及成果整理

一、水准点

水准点就是用水准测量的方法测定的高程控制点。水准测量通常从某一已知高程的水准点开始,经过一定的水准路线,测定各待定点的高程,作为地形测量和施工测量的高程依据。水准点应按照水准测量等级,根据地区气候条件与工程需要,每隔一定距离埋设不同类型的永久性或临时性水准标志或标石,水准点标志或标石应埋设于土质坚实、稳固的地面或地表以下合适位置,必须便于长期保存又利于观测与寻找。国家等级永久性水准点埋设形式如图 2-17所示,一般用钢筋混凝土或石料制成,深埋到地面冻结线以下。标石顶部嵌有不锈钢或其他不易锈蚀的材料制成的半球形标志,标志最高处(球顶)作为高程起算基准。有时永久性水准点的金属标志(一般宜铜制)也可以直接镶嵌在坚固稳定的永久性建筑物的墙脚上,称为墙上水准点,如图2-18所示。

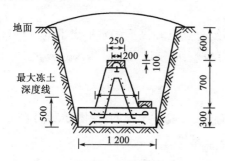

图2-17 国家等级水准点(尺寸单位:mm)

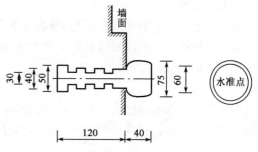

图2-18 墙上水准点(尺寸单位:mm)

各类建筑工程中常用的永久性水准点一般用混凝土或钢筋混凝土制成,如图2-19a)所示,顶部设置半球形金属标志。临时性水准点可用大木桩打入地下,如图2-19b)所示,桩顶面钉一个半圆球状铁钉,也可直接把大铁钉(钢筋头)打入沥青等路面或在桥台、房基石、坚硬岩石上刻上标志(用红油漆示明)。

埋设水准点后,为便于以后寻找,水准点应进行编号,编号前一般冠以"BM"字样,以表示水准点,并绘出水准点与附近固定建筑物或其他明显地物关系的点位草图,在图上应写明水准点的编号和高程,称为"点之记",作为水准测量的成果一并保存。

机场工程测量中要求,各级水准点必须设有中心标志,中心标志应牢固、顶端应圆滑。不同的控制测量桩共用时,必须满足各等级的埋设和

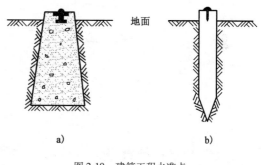

图2-19 建筑工程水准点

作业要求,标志规格以其中较高等级为准。临时控制点应采用木质桩,断面不应小于5cm×5cm,长度不应小于30cm。控制桩、临时性控制桩应埋设在基础稳定、易于长期保存的地点,埋设时应使其具有足够的稳定性。控制测量桩应在其表面标注点名(号);控制测量桩、临时性控制桩等应按照起、终点方向顺序连续编号;做方案比较时,桩号前应冠以比较方案代号;机场测量符号宜采用汉语拼音字母,有特殊要求时可采用英文字母。

二、水准路线的形式

水准测量的任务,是从已知高程的水准点开始测量其他水准点或地面点的高程。测量前应根据要求布置并选定水准点的位置,埋设好水准点标石,拟定水准测量进行的路线。水准路线有以下几种形式:

1. 附合水准路线

水准测量从一个高级水准点开始,结束于另一个高级水准点的水准路线。这种形式的水准路线,可使测量成果得到可靠的检核,如图2-20a)所示。

2. 闭合水准路线

水准测量从一个已知高程的水准点开始,最后又闭合到起始点上的水准路线。这种形式

的水准路线也可以使测量成果得到检核,如图 2-20b)所示。

3. 支水准路线

由一个已知高程的水准点开始,最后既不附合也不闭合到已知高程的水准点上的一种水准路线。这种形式的水准路线由于不能对测量成果自行检核,必须进行往测和返测,或用两组仪器进行并测,如图 2-20c)所示。

4. 水准网

当几条附合水准路线或闭合水准路线连接在一起时,就形成了水准网,如图 2-20d)和 e)所示。水准网可使检核成果的条件增多因而可提高成果的精度。

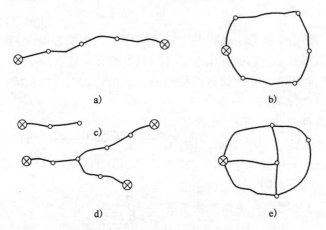

图 2-20　水准线路组成示意图

三、普通水准测量的施测方法

1. 测量工作组织

普通水准测量施测方法如图 2-21 所示,A 点为已知高程的点,B 点为待求高程的点。首先在已知高程的起始点 A 上竖立水准尺,在测量前进方向离起点不超过 200m 处设立第一个转点 Z_1,必要时可放置尺垫,并竖立水准尺。在离这两点等距离处 I 安置水准仪。仪器粗略整平后,先照准起始点 A 上的水准尺,用微倾螺旋使气泡符合后,读取 A 点的后视读数。然后照准转点 Z_1 上的水准尺,气泡符合后读取 Z_1 点的前视读数。把读数记入手簿,并计算出这两点间的高差。此后,在转点 Z_1 处的水准尺不动,仅把尺面转向前进方向。在 A 点的水准尺和 I 点的水准仪则向前转移,水准尺安置在与第一站有同样间距的转点 Z_2,而水准仪则安置在离 Z_1、Z_2 两个转点等距离处的测站 II。按在第 I 站同样的步骤和方法读取后视读数和前视读数,并计算出高差。如此继续进行直到待求高程点 B。

2. 数据记录

观测所得每一读数应立即记入手簿,水准测量手簿格式见表 2-2。填写时应注意把各个读数正确地填写在相应的行和列内。例如,仪器在测站 I 时,起点 A 上所得水准尺读数 2.073m 应记入该点的后视读数栏内,照准转点 Z_1 所得读数 1.526m 应记入 Z_1 点的前视读数栏内。后视读数减去前视读数得 A、Z_1 两点的高差 +0.547m 记入高差栏内。以后各测站观测所得均按照同样方法记录和计算。各测站所得的高差代数和 $\sum h$,就是从起点 A 到终点 B 总的高差。终点 B 的高程等于起点 A 的高程加 A、B 两点之间的高差。因为测量的目的是求 B 点的高程,所以各转点的高程不需计算。

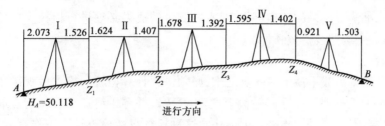

图 2-21　连续水准测量(尺寸单位:mm)

水准测量手簿(一)(单位:m)　　　　　　　　　　　　　　表 2-2

测站	测点	后视读数	前视读数	高　差		高程	备　注
				+	−		
Ⅰ	A Z_1	2.073 	 1.526	0.547		50.118	已知 A 点高程 = 50.118
Ⅱ	Z_1 Z_2	1.624 	 1.407	0.217			
Ⅲ	Z_2 Z_3	1.678 	 1.392	0.286			
Ⅳ	Z_3 Z_4	1.595 	 1.402	0.193			
Ⅴ	Z_4 B	0.921 	 1.503		0.582	50.779	
Σ		7.891	7.230	1.243	0.582		
计算检核		$\sum a - \sum b = +0.661$　　$\sum h = +0.661$　　$H_B - H_A = +0.661$					

为了节省手簿的篇幅,在实际工作中常把水准手簿格式简化成表 2-3 的形式。这种格式实际上是把同一转点的后视读数和前视读数合并填在同一行内,两点间的高差则一律填写在该测站前视读数的同一行内。其他计算均相同。

水准测量手簿(二)(单位:m)　　　　　　　　　　　　　　表 2-3

测点	后视读数	前视读数	高　差		高程	备　注
			+	−		
A	2.073				50.118	$H_A = 50.118$
Z_1	1.624	1.526	0.547			
Z_2	1.678	1.407	0.217			
Z_3	1.595	1.392	0.286			
Z_4	0.921	1.402	0.193			
B		1.503		0.582	50.779	
Σ	7.891	7.230	1.243	0.582		
计算检核	$\sum a - \sum b = +0.661$　$\sum h = +0.661$　$H_B - H_A = +0.661$					

四、水准测量成果的检核

为了保证水准测量成果的正确可靠,对水准测量的成果必须进行检核。检核方法有计算校核、测站检核和水准路线检核 3 种。

1. 计算校核

在每一测段结束后或手簿上每一页之末,必须进行计算检核。检查后视读数之和减去前视读数之和($\sum a - \sum b$)是否等于各站高差之和($\sum h$),并等于终点高程减起点高程。如不相等,则计算中必有错误,应进行检查。但应注意这种检核只能检查计算工作有无错误,而不能检查出测量过程中所产生的错误,如读错、记错等。检查测量过程中的差错,要采用下面将要阐述的方法。

2. 测站检核

为防止在一个测站上发生错误而导致整个水准路线结果出现错误,可在每个测站上对观测结果进行检核。检核方法如下:

(1)两次仪器高法

在每个测站上一次测得两个转点间的高差后,改变水准仪的高度(改变高度在 10cm 以上),再次测量两个转点间的高差。对于一般水准测量,当两次所得高差之差小于 5mm 时可认为合格,取其平均值作为该测站所得高差,否则应进行检查或重测。

(2)双面尺法

利用双面水准尺分别由黑面和红面读数得出高差,扣除一对水准尺的常数差后,两个高差之差小于 5mm 时可认为合格,否则应进行检查或重测。

3. 水准路线检核

(1)附合水准路线

为使测量成果得到可靠的检核,最好把水准路线布设成附合水准路线。对于附合水准路线,理论上在两已知高程水准点间所测得各站高差之和应等于起迄两水准点间高程之差,即:

$$\sum h = H_{终} - H_{起} \tag{2-6}$$

如果它们不能相等,其差值称为高程闭合差,用 f_h 表示。所以,附合水准路线的高程闭合差为:

$$f_h = \sum h - (H_{终} - H_{起}) \tag{2-7}$$

高程闭合差的大小在一定程度上反映了测量成果的质量。

(2)闭合水准路线

在闭合水准路线上亦可对测量成果进行检核。对于闭合水准路线,因为它起迄于同一个点,所以理论上全线各站高差之和应等于零,即 $\sum h = 0$。如果高差之和不等于零,则其差值 $\sum h$ 即是闭合水准路线的高程闭合差,即:

$$f_h = \sum h \tag{2-8}$$

(3)支水准路线

支水准路线必须在起终点间用往返测进行检核。理论上往返测所得高差的绝对值应相

等,但符号相反,或者是往返测高差的代数和应等于零,即:

$$\sum h_往 = - \sum h_返 \tag{2-9}$$

如果往返测高差的代数和不等于零,其值即为支水准路线的高程闭合差,即:

$$f_h = \sum h_往 + \sum h_返 \tag{2-10}$$

有时也可以用两组并测来代替一组的往返测以加快工作进度。两组所得高差应相等,若不等,其差值即为水准支线的高程闭合差,故:

$$f_h = \sum h_1 - \sum h_2 \tag{2-11}$$

闭合差的大小反映了测量成果的精度。在各种不同性质的水准测量中,都规定了高程闭合差的限值即为容许高程闭合差,用 F_h 表示。一般水准测量的容许高程闭合差为:

$$\begin{cases} 平地\ F_h = \pm 40\ \sqrt{L}\,(mm) \\ 山地\ F_h = \pm 12\ \sqrt{n}\,(mm) \end{cases} \tag{2-12}$$

式中:L——附合水准路线或闭合水准路线的长度,在支水准线上,L 为测段的长,均以 km 为单位;

n——测站数。

当实际闭合差小于容许闭合差时,表示观测精度满足要求;否则应对外业资料进行检查,甚至返工重测。

五、闭合差分配和高程计算

当实际高程闭合差在容许值之内时,可把闭合差分配到各测段的高差上。显然,高程测量误差是随水准路线的长度或测站数的增加而增加,所以分配的原则是把闭合差以相反的符号根据各测段路线的长度或测站数按比例分配到各测段的高差上。故各测段高差的改正数为:

$$\nu_i = - \frac{f_h}{\sum L} \cdot L_i \tag{2-13}$$

或

$$\nu_i = - \frac{f_h}{\sum n} \cdot n_i \tag{2-14}$$

式中:L_i——各测段路线之长;

n_i——各测段路线中的测站数;

$\sum L$——水准路线总长;

$\sum n$——水准路线中的测站总数。

表 2-4 为一附合水准路线的闭合差检核和分配以及高程计算的实例。附合水准路线上共设置了 5 个水准点,各水准点间的距离和实测高差均列于其中。起点和终点的高程为已知,实际高程闭合差为 +0.075m,小于容许高程闭合差 ±0.105m。表中高差的改正数是按式(2-13)计算的,改正数总和必须等于实际闭合差,但符号相反。实测高差加上高差改正数得各测段改正后的高差。由起点Ⅳ21 的高程累计加上各测段改正后的高差,就得出相应各点的高程。最后计算得出的终点Ⅳ22 的高程应与该点的已知高程完全符合。

水准路线的高程计算　　　　　　　　　　　　　　　表 2-4

点号	距离(km)	高差(m)	改正数(mm)	改正后高差(m)	高程(m)
Ⅳ21					63.475
	1.9	+1.241	−12	+1.229	
BM1					64.704
	2.2	+2.781	−14	+2.767	
BM2					67.471
	2.1	+3.244	−13	+3.231	
BM3					70.702
	2.3	+1.078	−14	+1.064	
BM4					71.766
	1.7	−0.062	−10	−0.072	
BM5					71.694
	2.0	−0.155	−12	−0.167	
Ⅳ22					71.527
Σ	12.2	+8.127	−75	+8.052	

$f_h = \sum h - (H_{终} - H_{起}) = +8.127 - (71.527 - 63.475) = +0.075\text{m}$

$F_h = \pm 40\sqrt{L} = \pm 40\sqrt{12.2} = \pm 140\text{mm}$　　$f_h < F_h$

对于支水准线路,观测精度符合时,取往返测高差绝对值的平均值作为高差观测成果,其符号取往测高差的符号。

【例 2-1】　在 A、B 两点间进行往返水准测量,已知 $H_A = 8.475\text{m}$,$\sum h_{往} = +0.028\text{m}$,$\sum h_{返} = -0.018\text{m}$,$A$、$B$ 间线路长 $L = 3\text{km}$,求改正后的 B 点高程。

【解】　实际高程闭合差 $f_h = \sum h_{往} + \sum h_{返} = 0.028\text{m} - 0.018\text{m} = +0.010\text{m}$。

容许高程闭合差 $F_h = \pm 40\sqrt{L} = \pm 40\sqrt{3}\text{mm} = \pm 69\text{mm}$,$f_h < F_h$,故精度符合要求。

故 B 点高程 $H_B = H_A + \dfrac{|\sum h_{往}| + |\sum h_{返}|}{2} = 8.475\text{m} + \dfrac{0.028\text{m} + 0.018\text{m}}{2} = 8.498\text{m}$。

第四节　水准仪的检验与校正

为保证测量工作能得出正确的成果,工作前必须对所使用的仪器进行检验和校正。

一、微倾式水准仪的检验和校正

1. 微倾式水准仪的主要轴线

微倾式水准仪的主要轴线如图 2-22 所示,它们之间应满足的几何条件是:

（1）圆水准器轴应平行于仪器的竖轴。

（2）十字丝的横丝应垂直于仪器的竖轴。

（3）水准管轴应平行于视准轴。

2. 微倾式水准仪的检验校正

（1）圆水准器的检验和校正

①检验目的。检验目的是使圆水准器轴平行于仪器竖轴,圆水准器气泡居中时,竖轴位于铅垂位置。

②检验方法。旋转脚螺旋使圆水准器气泡居中,然后将仪器上部在水平方向绕竖轴旋转180°,若气泡仍居中,则表示圆水准器轴已平行于竖轴,若气泡偏离中央则需进行校正。

③校正方法。用脚螺旋使气泡向中央方向移动偏离量的一半,然后拨圆水准器的校正螺旋使气泡居中。由于一次拨动不易使圆水准器校正得很完善,需重复上述的检验和校正,使仪器上部旋转到任何位置气泡都能居中为止。

常见的圆水准器校正装置的构造有两种:一种在圆水准器盒底有 3 个校正螺旋,如图 2-23a)所示;盒底中央有一个球面突出物,它顶着圆水准器的底板,3 个校正螺旋则旋入底板拉住圆水准器。当旋紧校正螺旋时,可使水准器该端降低,旋松时则可使该端上升。另一种在圆水准器盒底可见到 4 个螺旋,如图 2-23b)所示,中间一个较大的螺旋用于连接圆水准器和盒底,另外 3 个为校正螺旋,它们顶住圆水准器底板。当旋紧某一校正螺旋时,水准器该端升高,旋松时则该端下降,其移动方向与第一种相反。校正时,无论对哪一种构造,当需要旋紧某个校正螺旋时,必须先旋松另两个螺旋,校正完毕时,必须使 3 个校正螺旋都处于旋紧状态。

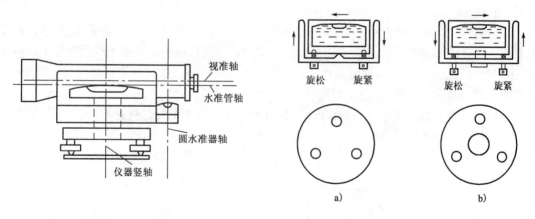

图 2-22　水准仪的轴线　　　　　　　图 2-23　圆水准器校正装置构造

④检校原理。若圆水准器轴与竖轴没有平行,构成 α 角,当圆水准器的气泡居中时,竖轴与铅垂线成 α 角,如图 2-24a)所示。若仪器上部绕竖轴旋转180°,因竖轴位置不变,故圆水准器轴与铅垂线成 2α 角,如图 2-24b)所示。当用脚螺旋使气泡向零点移回偏离量的一半时,则竖轴将变动 α 角而处于铅垂方向,而圆水准器轴与竖轴仍保持 α 角,如图 2-24c)所示。此时拨圆水准器的校正螺旋,使圆水准器气泡居中,则圆水准器轴亦处于铅垂方向,从而使它平行

于竖轴,如图 2-24d)所示。

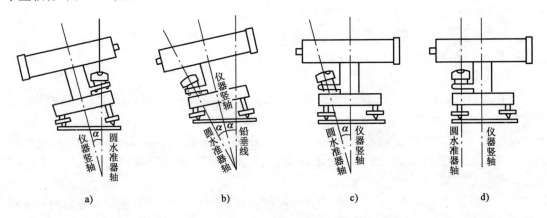

图 2-24 圆水准器校正原理

当圆水准器的误差过大,即 α 角过大时,气泡的移动不能反映出 α 角的变化。当圆水准器气泡居中后,仪器上部平转 180°,若气泡移至水准器边缘,再按照使气泡向中央移动的方向旋转脚螺旋 1~2 周,若未见气泡移动,这就属于 α 角偏大的情况。此时,不能按上述正常的情况用改正气泡偏离量一半的方法来进行校正。首先应以每次相等的量转动脚螺旋,使气泡居中,并记住转动的次数,然后将脚螺旋按相反方向转动原来次数的一半,此时可使竖轴接近铅垂位置。拨圆水准器的校正螺旋使气泡居中,则可使 α 角迅速减小;然后再按正常的检验和校正方法进行校正。

(2)十字丝横丝的检验和校正

①检验目的。检验目的是使十字丝的横丝垂直于竖轴,这样当仪器粗略整平后,横丝基本水平,则横丝上任意位置所得读数均相同。

②检验方法。先用横丝的一端照准一个固定的目标或在水准尺上读一读数,然后用微动螺旋转动望远镜,用横丝的另一端观测同一目标或读数。如果目标仍在横丝上或水准尺上读数不变[图 2-25a)],说明横丝已与竖轴垂直。若目标偏离了横丝或水准尺读数有变化[图 2-25b)],则说明横丝与竖轴没有垂直,应予校正。

③校正方法。打开十字丝分划板的护罩,可见到 3 个或 4 个分划板的固定螺丝,如图 2-26 所示。松开这些固定螺丝,用手转动十字丝分划板座,反复试验使横丝的两端都能与目标重合或使横丝两端所得水准尺读数相同,则校正完成。最后旋紧所有固定螺丝。

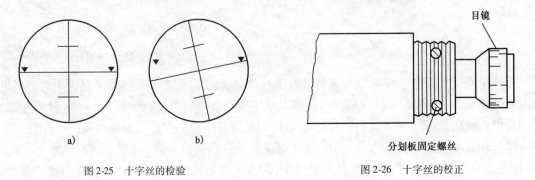

图 2-25 十字丝的检验   图 2-26 十字丝的校正

④检校原理。若横丝垂直于竖轴,横丝的一端照准目标后,当望远镜绕竖轴旋转时,横丝在垂直于竖轴的平面内移动,所以目标始终与横丝重合。若横丝不垂直于竖轴,望远镜旋转时,横丝上各点不在同一平面内移动,因此目标与横丝的一端重合后,其他位置的目标将偏离横丝。

(3)水准管的检验和校正

①检验目的。检验目的是使水准管轴平行于视准轴,当水准管气泡符合时,视准轴就处于水平位置。

②检验方法。在平坦地面选相距 40 ~ 60m 的 A、B 两点,在两点打入木桩或设置尺垫。水准仪首先置于离 A、B 等距的 Ⅰ 点,测得 A、B 两点的高差 $h_1 = a_1 - b_1$,如图 2-27 所示。重复测 2 ~ 3 次,当所得各高差之差小于 3mm 时取其平均值。若视准轴与水准管轴不平行而构成 i 角,因为仪器至 A、B 两点的距离相等,所以由于视准轴倾斜,而在前、后视读数所产生的误差 δ 也相等,因此所得的 h_1 是 A、B 两点的正确高差。然后把水准仪移到 AB 延长方向上靠近 B 的 Ⅱ 点,再次测 A、B 两点的高差[图 2-27b)],必须仍把 A 点作为后视点,故得高差 $h_Ⅱ = a_2 - b_2$。如果 $h_Ⅱ = h_Ⅰ$,说明在测站 Ⅱ 所得的高差也是正确的,这也说明在测站 Ⅱ 观测时视准轴是水平的,故水准管轴与视准轴是平行的,即 $i = 0$。如果 $h_Ⅱ \neq h_Ⅰ$,则说明存在 i 角的误差,由图 2-27b)可知:

$$i = \frac{\Delta}{S} \cdot \rho \tag{2-15}$$

而

$$\Delta = a_2 - b_2 - h_Ⅰ = h_Ⅱ - h_Ⅰ \tag{2-16}$$

式中:Δ——仪器分别在 Ⅱ 和 Ⅰ 所测高差之差;

S——A、B 两点间的距离;

$\rho = 206\,265''$。

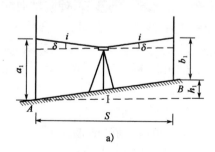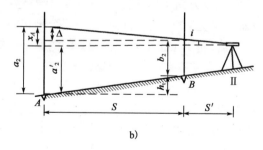

图 2-27 水准管轴平行于视准轴的检验

对于一般水准测量,要求 i 角不大于 $20''$,否则应进行校正。

③校正方法。当仪器存在 i 角时,在远点 A 的水准尺读数 a_2 将产生误差 x_A,从图 2-32b)可知:

$$x_A = \Delta \frac{S + S'}{S} \tag{2-17}$$

29

式中：S'——测站 Ⅱ 至 B 点的距离，为使计算方便，通常使 $S' = \dfrac{1}{10}S$ 或 $S' = S$，则 x_A 相应为

1.1Δ 或 2Δ；也可使仪器紧靠 B 点，并假设 $S' = 0$，则 $x_A = \Delta$。

读数 b_2 可用水准尺直接量取桩顶到仪器目镜中心的距离。计算时应注意 Δ 的正负号，正号表示视线向上倾斜，与图上所示一致，负号表示视线向下倾斜。

为了使水准管轴和视准轴平行，用微倾螺旋使远点 A 的读数从 a_2 改变到 a_2'，则 $a_2' = a_2 - x_A$。此时视准轴由倾斜位置改变到水平位置，但水准管也因随之变动而气泡不再符合。用校

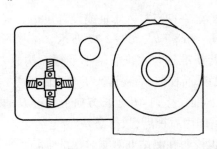

图 2-28　水准管的校正螺旋

正针拨动水准管一端的校正螺旋使气泡符合，则水准管轴也处于水平位置从而使水准管轴平行于视准轴。水准管的校正螺旋如图 2-28 所示，校正时先松动左、右两校正螺旋，然后拨上、下两校正螺旋使气泡符合。拨动上下校正螺旋时，应先松一个再紧另一个逐渐改正，当最后校正完毕时，所有校正螺旋都应适度旋紧。

以上检验校正也需要重复进行，直到 i 角小于 $20''$为止。

二、自动安平水准仪的检验和校正

自动安平水准仪应满足的条件是：

（1）圆水准器轴应平行于仪器的竖轴。

（2）十字丝横丝应垂直于竖轴。

以上两项的检验校正方法与微倾式水准仪相应项目的检校方法完全相同。

（3）水准仪在补偿范围内，应能起到补偿作用。

检验方法如下：将水准仪安置在一点，在离仪器约 50m 处立一水准尺。安置仪器时使其中两个脚螺旋的连线垂直于仪器到水准尺连线的方向。用圆水准器整平仪器，读取水准尺上读数。旋转视线方向上的第 3 个脚螺旋，让气泡中心偏离圆水准零点少许，使竖轴向前稍倾斜，读取水准尺上读数。然后再次旋转这个脚螺旋，使气泡中心向相反方向偏离零点并读数、重新整平仪器；使用位于垂直于视线方向的两个脚螺旋，先后使仪器向左右两侧倾斜，分别在气泡中心稍偏离零点后读数。如果仪器竖轴向前后左右倾斜时所得读数与仪器整平时所得读数之差不超过 2mm，则可认为补偿器工作正常，否则应检查原因或送工厂修理。检验时圆水准器气泡偏离的大小，应根据补偿器的工作范围及圆水准器的分划值来决定。例如，补偿工作范围为 ±5′，圆水准器的分划值为 8′/2mm 弧长所对之圆心角值，则气泡偏离零点不应超过 $5/8 \times 2 = 1.2$mm。补偿器工作范围和圆水准器的分划值在仪器说明书中均可查得。

第五节　水准测量误差分析

测量工作中由于仪器、人、环境等各种因素的影响，测量成果中都带有误差。为了保证测量成果的精度，需要分析研究产生误差的原因，并采取措施消除和减小误差的影响。水准测量中误差的主要来源如下：

一、仪器误差

1. 视准轴与水准管轴不平行引起的误差

仪器虽经过校正,但 i 角仍会有微小的残余误差。当在测量时如能保持前视和后视的距离相等,这种误差就能消除。当因某种原因某一测站的前视(或后视)距离较大,那么在下一测站后视(或前视)距离较大,使误差得到补偿。

2. 调焦引起的误差

当调焦时,调焦透镜光心移动的轨迹和望远镜光轴不重合,则改变调焦就会引起视准轴的改变,从而改变视准轴与水准管轴的关系。如果在测量中保持前视后视距离相等,就可在前视和后视读数过程中不改变调焦,避免因调焦而引起的误差。

3. 水准尺的误差

水准尺的误差包括分划误差和尺身构造上的误差,构造上的误差有零点误差和箱尺的接头误差,所以使用前应对水准尺进行检验。水准尺的主要误差是每米真长的误差,它具有积累性质,高差愈大,误差也愈大。对于误差过大的,应在成果中加入尺长改正。

二、观测误差

1. 气泡居中误差

视线水平是以气泡居中或符合为根据的,但气泡的居中或符合都是凭肉眼来判断,不能绝对准确。气泡居中的精度也就是水准管的灵敏度,它主要决定于水准管的分划值。一般认为水准管居中的误差约为 0.1 分划值,它对水准尺读数产生的误差为:

$$m = \frac{0.1\tau''}{\rho} \cdot s \tag{2-18}$$

式中:$\rho = 206\,265''$;

τ''——水准管的分划值;

s——视线长。

符合水准器气泡居中的误差大约是直接观察气泡居中误差的 $\frac{1}{2} \sim \frac{1}{5}$。因此,为了减小气泡居中误差的影响,应对视线长加以限制,观测时应使气泡精确的居中或符合。

2. 估读水准尺分划的误差

水准尺上的毫米数都是估读的,估读的误差决定于视场中十字丝和厘米分划的宽度,所以估读误差与望远镜的放大率及视线的长度有关。通常在望远镜中十字丝的宽度为厘米分划宽度的 1/10 时,能准确估读出毫米数。所以在各种等级的水准测量中,对望远镜的放大率和视线长的限制都有一定的要求。此外,在观测中还应注意消除视差,并避免在成像不清晰时进行观测。

3. 扶水准尺不直的误差

水准尺没有扶直,无论向哪一侧倾斜都使读数偏大。这种误差随尺的倾斜角和读数的增大而增大。例如,尺有 3°的倾斜,读数为 1.5m 时,可产生 2mm 的误差。为使尺能扶直,水准尺上最好装有水准器。没有水准器时,可采用摇尺法,读数时把尺的上端在视线方向前后来回摆动,当视线水平时,观测到的最小读数就是尺扶直时的读数,如图 2-29 所示。这种误差在前后视读数中均可发生,所以在计算高差时可以抵消一部分。

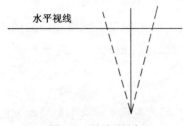

图 2-29　尺子不竖直

三、外界环境的影响

1. 仪器下沉和水准尺下沉的误差

(1)仪器下沉的误差

在读取后视读数和前视读数之间若仪器下沉了 Δ,前视读数减少了 Δ 从而使高差增大了 Δ(图 2-30)。在松软的土地上每一测站都可能产生这种误差。当采用双面尺或两次仪器高时,第二次观测可先读前视点 B,然后读后视点 A,则可使所得高差偏小,两次高差的平均值可消除一部分仪器下沉的误差。用往测、返测时,亦因同样的原因而消除部分的误差。

(2)水准尺下沉的误差

在仪器从一个测站迁到下一个测站的过程中,若转点下沉了 Δ,使下一测站的后视读数偏大,则高差也增大 Δ,如图 2-31 所示。在同样情况下返测,则高差的绝对值减小。所以,取往返测的平均高差,可以减弱水准尺下沉的影响。

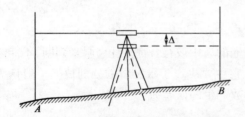

图 2-30　仪器下沉的影响

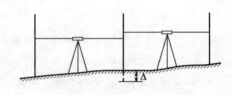

图 2-31　水准尺下沉的影响

当然,在进行水准测量时,必须选择坚实的地点安置仪器和转点,避免仪器和尺的下沉。

2. 地球曲率和大气折光的误差

(1)地球曲率引起的误差

理论上,水准测量应根据水准面来求出两点的高差(图 2-32),但视准轴是一条直线,因此读数中含有由地球曲率引起的误差 p,即:

$$p = \frac{s^2}{2R} \tag{2-19}$$

式中:s——视线长;

　　　R——地球的半径。

(2)大气折光引起的误差

水平视线经过密度不同的空气层被折射,一般情况下形成一条向下弯曲的曲线,它与理论水平线所得读数之差,就是由大气折光引起的误差 r(图 2-32)。实验得出:大气折光误差比地球曲率误差要小,是地球曲率误差的 K 倍,在一般大气

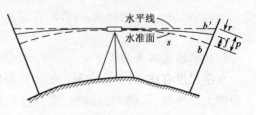

图 2-32　地球曲率和大气折光的影响

情况下，$K = \dfrac{1}{7}$，故：

$$r = K \frac{s^2}{2R} = \frac{s^2}{14R} \tag{2-20}$$

所以，水平视线在水准尺上的实际读数位于 b'，它与按水准面得出的读数 b 之差，就是地球曲率和大气折光总的影响值 f，即：

$$f = p - r = 0.43 \frac{s^2}{R} \tag{2-21}$$

当前视、后视距离相等时，这种误差在计算高差时可自行消除。但是离近地面的大气折光变化十分复杂，在同一测站的前视和后视距离上就可能不同，所以即使保持前视、后视距离相等，大气折光误差也不能完全消除。由于 f 值与距离的平方成正比，限制视线的长可以使这种误差大为减小，此外使视线离地面尽可能高些，也可减弱折光变化的影响。

3. 气候的影响

除了上述各种误差来源外，气候的变化也给水准测量带来误差，如风吹、日晒、温度的变化和地面水分的蒸发等。所以，观测时应注意气候带来的影响。为了防止日光曝晒，仪器应打伞保护。因此，无风的阴天是最理想的观测天气。

第六节　数字水准仪

高程测量中的几何水准测量方法是使用时间最长、原理最简单、但又最精密的高程测量方法，因而一直运用至今。其主要弱点是工效低，因而近几十年来，人们一直致力于如何提高几何水准测量的效率。由于水准测量时仪器和标尺不仅在空间上是分离的，而且它们的相对距离也不固定，给水准测量自动化与数字化带来了一定的困难。一般认为水准测量自动化可沿两种途径发展：一种途径是在仪器上实现；另一种是在标尺上实现，或者两者配合共同实现。这样，水准仪的数字化比经纬仪的数字化晚了大约 30 年，对于低等（三、四等）水准测量而言，近十年发展起来的三角高程测量具有作业效率高、精度好的特点，完全可以代替三、四等水准测量，应用前景十分广阔。

但对于精密水准测量，还必须要考虑采用几何水准测量的方法，目前还没有方法能够取代。数字水准仪的出现是几何水准测量仪器的重大创新，它具有测量速度快、精度高、操作简单和容易实现内外业一体化的特点，大大减轻了几何水准测量的工作量。

数字水准仪又称"电子水准仪"，是集电子光学、图像处理、计算机技术于一体的当代最先进的水准测量仪器。它具有速度快、精度高、使用方便、作业员劳动强度轻、便于用电子手簿记录、实现内外业一体化等优点，代表了当代水准仪的发展方向，具有光学水准仪无可比拟的优越性。

自 1990 年瑞士徕卡公司研制出第一代数字水准仪 NA2000 以来，可以说大地测量仪器中水准仪数字化读数的最后一道难关已经被攻克，大地测量仪器已经完成了从精密光学机械仪器向光机电测一体化的高技术产品的过渡。1994 年，德国蔡司、日本拓普康也相继研制了自己的数字水准仪，随后日本索佳公司的数字水准仪也推向了市场，从而形成了市场上 4 大数字水准仪系列。

本节仅以日本拓普康 DL-101C 电子数字水准仪(图 2-33)为例,对仪器及条形码标尺做简要介绍,详细内容可参阅该仪器说明书和使用手册。

图 2-33 所示为拓普康 DL-101C 电子数字水准仪外貌。

数字水准仪所使用的条形码标尺采用 3 种独立互相嵌套在一起的编码尺,如图 2-34 所示。这 3 种独立信息为参考码 R 和信息码 A 与信息码 B。参考码 R 为 3 道等宽的黑色码条,以中间码条的中线为准,每隔 3cm 就有一组 R 码。信息码 A 与信息码 B 位于 R 码的上、下两边,下边 10mm 处为 B 码,上边 10mm 处为 A 码。A 码与 B 码宽度按正弦规律改变,其信号波长分别为 33cm 和 30cm,最窄的码条宽度不到 1mm,上述 3 种信号的频率和相位可以通过快速傅里叶变换(FFT)获得。当标尺影像通过望远镜成像在十字丝平面上,经过处理器译释、对比、数字化后,在显示屏上显示中丝在标尺上读数或视距。

图 2-33 拓普康 DL-101C 电子数字水准仪

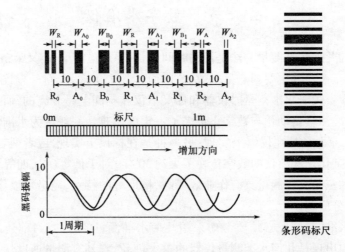

图 2-34 条形码标尺及其原理图

复习思考题

1. 高程基准面、水准点、水准原点分别是什么? 它们在高程测量中的作用是什么?

2. 视差是什么? 产生视差的原因是什么? 怎样消除视差?

3. 分别说明微倾式水准仪和自动安平水准仪的构造特点。

4. 在水准仪上,当水准管气泡符合时,什么处于水平位置?

5. 水准路线的形式有哪几种? 怎样计算它们的高程闭合差?

6. 水准点 1 和 2 之间进行了往返水准测量,施测过程和读数如图 2-35 所示,已知水准点 1

的高程为 37.614m,两水准点间的距离为 640m,容许高程闭合差按 $\pm40\sqrt{L}$(mm)计算,试填写手簿并计算水准点 2 的高程。

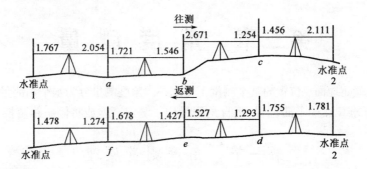

图 2-35 往返水准测量过程示意图(尺寸单位:mm)

7. 将图 2-36 所示的闭合水准路线的高程闭合差进行分配,并求出各水准点的高程。容许高程闭合差按 $\pm12\sqrt{n}$ mm 计算。

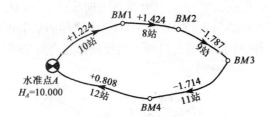

图 2-36 闭合水准路线示意图(尺寸单位:mm)

8. 微倾式水准仪应满足哪些条件? 其中最重要的是哪一种条件?

9. 图 2-27 中,当水准仪在 I 时,用两次仪器高法测得 $a_1' = 1.723$,$b_1' = 1.425$,$a_1'' = 1.645$,$b_1'' = 1.349$,仪器移到 II 后得 $a_2 = 1.562$,$b_2 = 1.247$,已知 $S = 50$m,$S' = 5$m。试求该仪器的 i 角以及校正时视线应照准 A 点的读数 a_2'。

10. 水准测量时应注意哪些事项? 为什么?

11. 水准测量应进行哪些检核? 检核方法有哪几种?

第三章 角 度 测 量

角度测量是确定地面点位置的基本测量工作之一。角度测量分为水平角测量和竖直角测量。水平角测量用于求算点的平面位置;竖直角测量用于测定高差或将倾斜距离换算为水平距离。

第一节 角度测量原理

一、水平角测量原理

水平角是指从空间一点出发的两个方向在水平面上的投影所夹的角度,取值范围为 $0 \sim 360°$。如图 3-1 所示,设从 O 点出发的 OA、OB 两条方向线,分别过 OA、OB 的两个竖直面与水平面 P 的交线 Oa' 和 Ob' 所夹的角 $\angle a'Ob'$,即为 OA、OB 之间的水平角 β。也就是说,地面上一点至两目标点的方向线所成的水平角,为过两方向线所作竖直面之间的两面角。

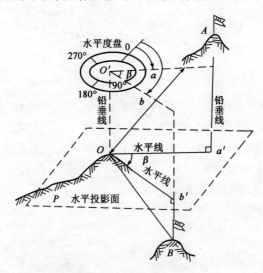

图 3-1 水平角测量原理

如果在 O 点水平放置一个度盘,且度盘的刻划中心与 O 点重合,则两投影方向 Oa、Ob 在度盘上的读数之差即为 OA 与 OB 之间的水平角值。实际上,水平度盘并不一定要放在过 O 点的水平面内,而是可以放在任意水平面内,但其刻划中心必须与过 O 点的铅垂线重合。这是因为只有这样,才可根据两方向读数之差求出其水平角值。

二、竖直角测量原理

竖直角是指在同一竖直面内,视线与水平线的夹角。视线在水平线上方时称为仰角,角值为正值,用"＋"号表示;视线在水平线下方时称为俯角,角值为负值,用"－"号表示,如图 3-2 所示。

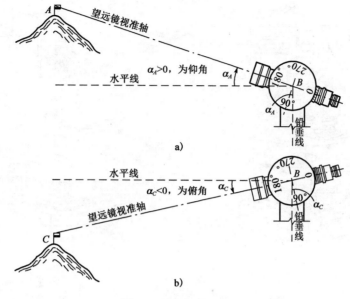

图 3-2 竖直角测量原理

为了测量竖直角,在竖直面内安置一个圆盘,称为竖盘。竖直角也是两个方向在竖盘上的读数之差,与水平角不同的是,其中有一个方向为水平方向。

第二节 经纬仪的构造与使用

经纬仪是测量角度的仪器,它虽兼有其他功能,但主要是用来测角。根据测角精度的不同,我国的经纬仪系列分为 DJ_{07}、DJ_1、DJ_2、DJ_6、DJ_{30} 等等级。D 和 J 分别是大地测量和经纬仪两词汉语拼音的首字母,角码注字是它的精度指标。

一、DJ_6 级光学经纬仪的构造

图 3-3 是 DJ_6 级光学经纬仪的外貌,各构件的名称见图中注释。

不同等级的光学经纬仪,其部件和构造会有所不同,即使同一等级的光学经纬仪也会因生产日期、厂家不同而存在差异,但其基本构造是相同的,主要由基座、度盘和照准部组成,如图 3-4 所示。

1. 基座

基座用来支承整个仪器,并借助连接螺旋使经纬仪与脚架结合。其上有 3 个脚螺旋、1 个圆水准器,用来粗平仪器。竖轴轴套与基座固连在一起。轴座连接螺旋拧紧后,可将照准部固定在基座上,使用仪器时,切勿松动该螺旋,以免照准部与基座分离而坠落。

与基座连接的三脚架的作用是支撑仪器。移动三脚架的架腿,可使仪器的中心粗略地位于角顶上,并使安装仪器的三脚架头平面粗略地处于水平。架腿一般可以伸缩,以便于携带;

但也有不能伸缩的,其优点是较为稳定,故多用于精度较高的经纬仪。

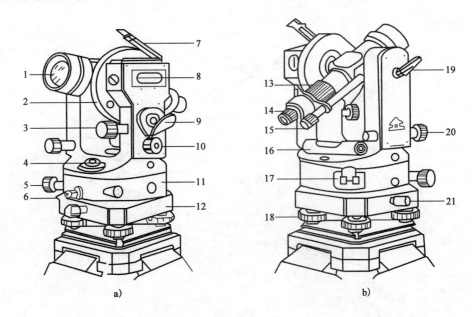

图 3-3　DJ$_6$ 型光学经纬仪

1-物镜;2-竖直度盘;3-竖盘指标水准管微动螺旋;4-圆水准器;5-照准部微动螺旋;6-照准部制动扳钮;7-水准管反光镜;
8-竖盘指标水准管;9-度盘照明反光镜;10-测微轮;11-水平度盘;12-基座;13-望远镜调焦筒;14-目镜;15-读数显微镜目
镜;16-照准部水准管;17-复测扳手;18-脚螺旋;19-望远镜制动扳钮;20-望远镜微动螺旋;21-轴座固定螺旋

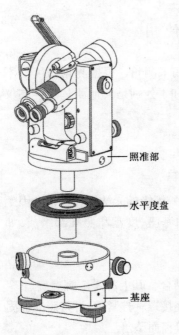

照准部

水平度盘

基座

图 3-4　DJ$_6$ 型光学经纬仪的结构

三脚架上可悬挂垂球,其作用是标志仪器是否对中。它悬挂于连接三脚架与仪器的中心连接螺旋上。当仪器整平,即仪器的竖轴铅垂时,它即与竖轴位于同一条铅垂线上。当垂球尖对准地面上角顶的标志时,即表示竖轴的中心线及水平度盘的刻划中心与角顶在同一条铅垂线上。

部分经纬仪的基座上还有光学对中器,也是用来标志仪器是否对中的。其优点是不像垂球对中会受风力的影响,所以对中精度较垂球高。它是在一个平置的望远镜前面,安装一块直角棱镜。望远镜的视线通过棱镜而偏转 90°,以使其处于铅垂状态,且要保持与仪器的竖轴重合。当仪器整平后,从光学对中器的目镜看去,如果地面点与视场内的圆圈重合,则表示仪器已经对中。旋转目镜可对分划板调焦,推拉目镜可对地面目标调焦。光学对中器安置的位置,有的是在照准部上,有的则在基座上。如在照准部上,则可与照准部共同旋转,而在基座上则不能。

2. 水平度盘

水平度盘为圆环形的光学玻璃盘片,盘片边缘刻划并按顺时针注记有 0 ~ 360° 的角度数值。

3.照准部

照准部是指在水平度盘之上,能绕其旋转轴旋转的全部部件的总称,它包括竖轴、U形支架、望远镜、横轴、竖盘、管水准器、竖盘指标水准管和光学读数装置等。

照准部的旋转轴称为竖轴,竖轴插入基座内的竖轴轴套中旋转;照准部在水平方向的转动,由水平制动、水平微动螺旋控制;望远镜纵向的转动,由望远镜制动、微动螺旋控制;竖盘指标水准管的微倾运动,由竖盘指标水准管微动螺旋控制;照准部管水准器用于仪器的精确整平。

二、DJ$_6$级光学经纬仪的读数装置

经纬仪的读数装置包括度盘、读数显微镜及测微器等。不同精度不同厂家的产品其基本结构是相似的,但测微机构及读数方法则差异很大。光学经纬仪的水平度盘及竖直度盘皆由环状的平板玻璃制成,在圆周上刻有360°分划,在每度的分划线上注以度数,在工程上常用的DJ$_6$级经纬仪一般为1°或30″一个分划。

读数显微镜位于望远镜的目镜一侧。通过位于仪器侧面的反光镜将光线反射到仪器内部,通过一系列光学组件,使水平度盘、竖直度盘及测微器的分划都在读数显微镜内显示出来,从而可以读取读数。DJ$_6$光学经纬仪读数装置的光路如图3-5所示。

最常见的读数方法为分微尺法,也称带尺显微镜法,这种测微器是一个固定不动的分划尺,它有60个分划,度盘分划经过光路系统放大后,其1°的间隔与分微尺的长度相等,即相当于把1°又细分为60格,每格代表1′,从读数显微镜中看到的影像如图3-6所示。图中H代表水平度盘,V代表竖直度盘。度盘分划注字向右增加,而分微尺注字则向左增加。分微尺的0分划线即为读数的指标线,度盘分划线则作为读取分微尺读数的指标线。从分微尺上可直接读到1′,还可以估读到0.1′。图3-6中水平度盘读数为115°16.3′。

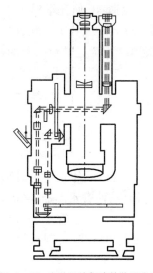

图3-5 DJ$_6$光学经纬仪读数装置光路

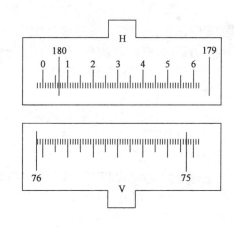

图3-6 分微尺法读数窗口

三、光学经纬仪的使用

在测量角度以前,首先要把经纬仪安置在设置有地面标志的测站上。所谓测站,即是所测

角度的顶点。安置工作包括对中、整平两项。

1. 对中

在安置仪器以前，首先将三脚架打开，抽出架腿，并旋紧架腿的固定螺旋。然后将 3 个架腿安置在以测站为中心的等边三角形的角顶上。这时架头平面即约略水平，且中心与地面点约略在同一条铅垂线上。

从仪器箱中取出仪器，用附于三脚架头上的连接螺旋，将仪器与三脚架固连在一起，然后即可精确对中。

根据仪器的结构，可用垂球对中，也可用光学对中器对中。用垂球对中时，先将垂球挂在三脚架的连接螺旋上，并调整垂球线的长度，使垂球尖刚刚离开地面。再看垂球尖是否与角顶点在同一条铅垂线上。如果偏离，则将角顶点与垂球尖连一方向线，将最靠近连线的一条腿沿连线方向前后移动，直到垂球与角顶对准，如图 3-7a）所示。这时如果架头平面倾斜，则移动与最大倾斜方向垂直的一条腿，从高的方向向低的方向划一以地面顶点为圆心的圆弧，直至架头基本水平，且对中偏差不超过 1~2cm 为止。最后将架腿踩实，如图 3-7b）所示，为使精确对中，可稍稍松开连接螺旋，将仪器在架头平面上移动，直至准确对中，最后再旋紧连接螺旋。

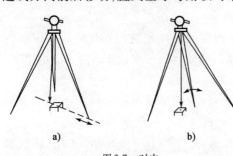

图 3-7　对中

如果使用光学对中器对中，可以先用垂球粗略对中，然后取下垂球，再用光学对中器对中。但在使用光学对中器时，仪器应先利用脚螺旋使圆水准器气泡居中，再看光学对中器是否对中。如有偏离，仍在仪器架头上平行移动仪器，在保证圆水准气泡居中的条件下，使其与地面点对准。如果不用垂球粗略对中，则一面观察光学对中器，一面移动脚架，使光学对中器与地面点对准。这时仪器架头可能倾斜很大，则根据圆水准气泡偏移方向，伸缩相关架腿，使气泡居中。伸缩架腿时，应先稍微旋松伸缩螺旋，待气泡居中后，立即旋紧。因为光学对中器的精度较高，且不受风力影响，应尽量采用。待仪器精确整平后，仍要检查对中情况。因为只有在仪器整平的条件下，光学对中器的视线才居于铅垂位置，对中才是正确的。

2. 整平

经纬仪整平的目的，乃是使竖轴居于铅垂位置。整平时要先用脚螺旋使圆水准气泡居中，以粗略整平，再用管水准器精确整平。

由于位于照准部上的管水准只有一个，如图 3-8a）所示，可以先使它与一对脚螺旋连线的方向平行，然后双手以相同速度向相反方向旋转这两个脚螺旋，使管水准器的气泡居中。再将照准部平转 90°，用另外一个脚螺旋使气泡居中。这样反复进行，直至管水准器在任一方向上气泡都居中为止。在整平后还需检查光学对中器是否偏移。如果偏移，则重复上述操作方法，直至水准气泡居中，对中器对中为止。

3. 瞄准和读数

测角的照准标志，一般是竖立于测点的标杆、测钎、用 3 根竹竿悬吊垂球线或觇牌，如图 3-9 所示。

测量水平角时，以望远镜的十字丝竖丝瞄准照准标志，具体操作步骤如下：

（1）目镜对光。松开望远镜制动螺旋和水平制动螺旋,将望远镜对向明亮的背景(如天空、白墙等,不能对向太阳光),转动目镜使十字丝清晰。经纬仪望远镜分划板的刻划方式如图 3-10 所示,以适应照准不同目标的需要。

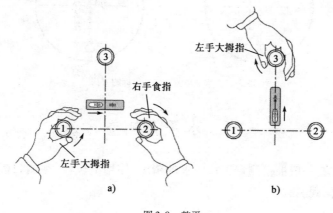

图 3-8　整平

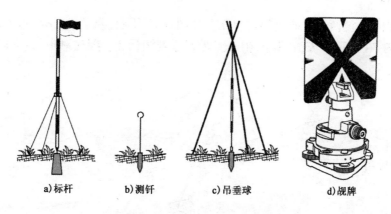

a)标杆　　b)测钎　　c)吊垂球　　d)觇牌

图 3-9　水平角测量的常用照准标志

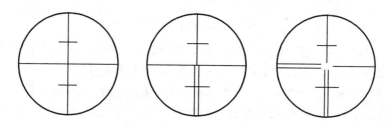

图 3-10　分划板的刻划方式

（2）粗瞄目标。用望远镜上的粗瞄准器瞄准目标,旋紧制动螺旋,转动物镜调焦螺旋使目标清晰,旋转水平微动螺旋和望远镜微动螺旋,精确瞄准目标。可用十字丝单丝平分目标,也可用双丝夹住目标,如图 3-11 所示。

（3）读数。打开度盘照明反光镜,调整反光镜的角度和方向,使读数窗口亮度适中;旋转读数显微镜的目镜使刻划线清晰,然后读数。

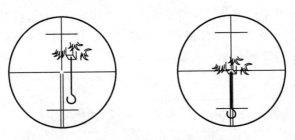

图 3-11　水平角测量瞄准目标的方法

第三节　水平角测量方法

水平角测量方法,一般根据测量工作要求的精度、使用的仪器、观测目标的多少而定。常用的有测回法和方向观测法。

一、测回法

测回法适用于观测两个方向之间的单角。如图 3-12 所示,测量 BA、BC 两个方向之间的水平角 $\angle ABC$ 时,在角顶 B 安置仪器,在 A、C 处设立观测标志。经过对中、整平以后,即可按下述步骤观测。

图 3-12　测回法观测水平角

(1)盘左。竖盘在望远镜视线方向的左侧时称为盘左。粗略照准左方目标 A,旋紧照准部及望远镜的制动螺旋,再用微动螺旋精确照准目标,同时需要注意消除视差及尽可能照准目标的下部。对于细的目标,宜用单丝照准,使单丝平分目标像;而对于粗的目标,则宜用双丝照准,使目标像平分双丝。然后将水平度盘读数配置为 0 左右,读取该方向上的读数 $a_左$,记入表 3-1 相应栏中。

(2)松开照准部及望远镜的制动螺旋,顺时针方向转动照准部,粗略照准右方目标 C。再关紧制动螺旋,用微动螺旋精确照准,并读取该方向上的水平度盘读数 $c_左$,记入表 3-1 相应栏中。计算盘左所得角值即为 $\beta_左 = a_左 - c_左$。以上称为上半测回。

(3)将望远镜纵转 180°,改为盘右。重新照准右方目标 C,并读取水平度盘读数 $c_右$。然后顺时针或逆时针转动照准部,照准左方目标 A。读取水平度盘读数 $a_右$,则盘右所得角值即为 $\beta_右 = a_右 - c_右$。以上称为下半个测回。

两个半测回角值之差不超过规定限值时,取盘左盘右所得角值的平均值即为$\beta = (\beta_左 + \beta_右)/2$,即为一测回的角值。根据测角精度的要求,可以测多个测回而取其平均值,作为最后成果。观测结果应及时记入手簿,并进行计算,看是否满足精度要求。手簿的格式如表3-1所示。

测回法观测手簿 表3-1

测站	目标	竖盘位置	水平度盘读数 (° ′ ″)	半测回角值 (° ′ ″)	一侧回平均角值 (° ′ ″)	各侧回平均值 (° ′ ″)
一测回 B	A	左	0 06 24	111 39 54	111 39 51	111 39 52
	C		111 46 18			
	A	右	180 06 48	111 39 48		
	C		291 46 36			
二测回 B	A	左	90 06 18	111 39 48	111 39 54	
	C		201 46 06			
	A	右	270 06 30	111 40 00		
	C		21 46 30			

值得注意的是:上下两个半测回所得角值之差,应满足有关测量规范规定的限差,对于DJ_6级经纬仪,限差一般为30″或40″。如果超限,则必须重测。

当测角精度要求较高时,一般需要观测几个测回。为了减少水平度盘分划误差的影响,各测回间应根据测回数n,以$180°/n$为增量配置各测回的零方向水平度盘读数。表3-1为观测两测回,第二测回观测时,A方向的水平度盘读数配置为90°左右。如第二测回的半测回角差符合要求,则取两测回角值的平均值作为最后结果。

二、方向观测法

方向观测法适用于观测方向大于两个的情况。它的直接观测结果是各个方向相对于起始方向的水平角值,也称方向值。相邻方向的方向值之差,就是它的水平角值。如图3-13所示,设在O点有OA、OB、OC、OD 4个方向,其观测步骤为:

(1)在O点安置仪器,对中、整平。

(2)选择一个距离适中且影像清晰的方向作为起始方向,设为OA。

(3)盘左照准A点,并安置水平度盘读数,使其稍大于0°,记录读数。

(4)按顺时针方向依次照准B、C、D、A点,依次在手簿中记录读数,见表3-2。最后照准A点,称为归零。以上称为上半测回。

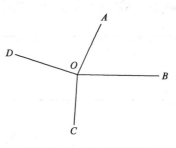

图3-13 方向法观测水平角

(5)倒转望远镜改为盘右,按逆时针方向依次照准A、D、C、B、A,记录读数。这称为下半测回,上下两个半测回构成一个测回。

(6)如需观测多个测回时,为了消减度盘刻度不匀的误差,每个测回都要改变度盘的位置,即在照准起始方向时,改变度盘的安置读数,方法同测回法。

方向法观测手簿　　　　　　　　　　　　　　　　表 3-2

测站	测回数	目标	读数		$2c=$左$-$（右$\pm180°$）	平均读数$=$ [左$+$（右$\pm180°$）]$/2$	归零后方向值	各测回归零方向值的平均值
			盘　左	盘　右				
			(°　′　″)	(°　′　″)	(″)	(°　′　″)	(°　′　″)	(°　′　″)
1	2	3	4	5	6	7	8	9
O	1		$\Delta_L=6$	$\Delta_R=6$		(0　02　06)		
		A	0　02　06	180　02　00	+6	0　02　03	0　00　00	
		B	51　15　42	231　15　30	+12	51　15　36	51　13　30	
		C	131　54　12	311　54　00	+12	131　54　06	131　52　00	
		D	182　02　24	2　02　24	+6	182　02　24	182　00　18	
		A	0　02　12	180　02　06	+6	0　02　09		
O	2		$\Delta_L=6$	$\Delta_R=12$		(90　03　32)		
		A	90　03　30	270　03　24	+6	90　03　27	0　00　00	0　00　00
		B	141　17　00	321　16　54	+6	141　16　57	51　13　25	51　13　28
		C	221　55　42	41　55　30	+12	221　55　36	131　52　04	131　52　02
		D	272　04　00	92　03　54	+6	272　03　57	182　00　25	182　00　22
		A	90　03　36	270　03　36	0	90　03　36		

表 3-2 中第 6 栏为同一方向上盘左盘右读数之差,记为 $2c$,意思是 2 倍的照准差,其是由于视线不垂直于横轴的误差引起的。因为盘左、盘右照准同一目标时的读数相差 180°,所以 $2c=L-(R-180°)$。第 7 栏为盘左盘右的平均值,在取平均值时,也是盘右读数减去 180° 后再与盘左读数平均。第 8 栏为在考虑起始方向经过了两次照准,取两次结果的平均值作为结果后,各方向的盘左盘右平均值减去起始方向两次结果的平均值,即得各个方向的方向值。第 9 栏为各测回之间的方向值的平均值。

为避免错误及保证测角的精度,对各项操作都规定了限差。例如,《工程测量规范》（GB 50026—2007）中规定,在导线测量中采用方向法观测水平角时各项限差汇总于表 3-3 中。

方向观测法的限差　　　　　　　　　　　　表 3-3

仪器型号	半测回归零差	一测回内 $2c$ 互差	同一方向值各测回较差
DJ$_2$	12″	18″	12″
DJ$_6$	18″		24″

第四节　竖直角测量方法

一、竖盘的构造

为测竖直角而设置的竖直度盘（简称竖盘）固定安置于望远镜旋转轴（横轴）的一端,其刻划中心与横轴的旋转中心重合。所以,在望远镜作竖直方向旋转时,度盘也随之转动。另外有一个固定的竖盘指标,以指示竖盘转动在不同位置时的读数,这与水平度盘是不同的。

竖直度盘的刻划也是在全圆周上刻为360°,但注字的方式有顺时针及逆时针两种。通常在望远镜方向上注以 0 及 180°,如图 3-14 所示。在视线水平时,指标所指的读数为 90°或270°。竖盘读数也是通过一系列光学组件传至读数显微镜内读取的。

对竖盘指标的要求,是始终能够读出与竖盘刻划中心在同一条铅垂线上的竖盘读数。为了满足这个要求,它有两种构造形式:一种是借助于与指标固连的水准器的指示,使其处于正确位置,在早期的仪器都属此类;另一种是借助于自动补偿器,使其在仪器整平后,自动处于正确位置。

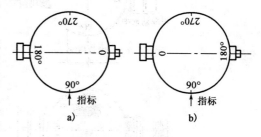

图 3-14 竖直度盘的刻划

二、竖直角的观测方法

由竖直角的定义已知,它是倾斜视线与在同一铅垂面内的水平视线所夹的角度。因为水平视线的读数是固定的,所以只要读出倾斜视线的竖盘读数,即可求算出竖直角值。但为了消除仪器误差的影响,同样需要用盘左、盘右观测。其具体观测步骤为:

(1)在测站上安置仪器,对中,整平。

(2)以盘左照准目标,如果是指标带水准器的仪器,必须用指标微动螺旋使水准器气泡居中,然后读取竖盘读数 L,称为上半测回。

(3)将望远镜倒转,以盘右用同样方法照准同一目标,使指标水准器气泡居中后,读取竖盘读数 R,称为下半测回。

如果用指标带补偿器的仪器,在照准目标后即可直接读取竖盘读数。根据需要可测多个测回。

三、竖直角的计算

竖直角的计算方法,因竖盘刻划的方式不同而异。但现在已逐渐统一为全圆分度,顺时针增加注字,且在视线水平时的竖盘读数为90°。现以这种刻划方式的竖盘为例,说明竖直角的计算方法,如遇其他方式的刻划,可以根据同样的方法推导其计算公式。

如图 3-15a)所示,当在盘左位置且视线水平时,竖盘的读数为90°,如照准高处一点,则视线向上倾斜,得读数 L。按前述的规定,竖直角应为" + "值,所以盘左时的竖直角应为:

$$\alpha_{左} = 90° - L \tag{3-1}$$

当在盘右位置且视线水平时,竖盘读数为270°,如图 3-15b)所示,照准高处的同一点时,得读数 R,则竖直角应为:

$$\alpha_{右} = R - 270° \tag{3-2}$$

取盘左、盘右的平均值,即为一个测回的竖直角值,即:

$$\alpha = \frac{\alpha_{左} + \alpha_{右}}{2} = \frac{R - L - 180°}{2} \tag{3-3}$$

如果测多个测回,则取各个测回的平均值作为最后成果。

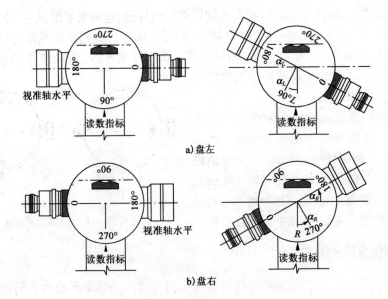

a) 盘左

b) 盘右

图 3-15　竖直角计算方法

观测结果应及时记入手簿,手簿的格式如表 3-4 所示。

竖直角观测手簿

表 3-4

日期　　　　　　　　　仪器型号　　　　　　　观测

天气　　　　　　　　　仪器编号　　　　　　　记录

测站	测点	盘位	竖盘度数			竖直角			平均角值			备注
			(°	′	″)	(°	′	″)	(°	′	″)	
O	A	左	80	05	20	+9	54	40	+9	54	30	
		右	279	54	20	+9	54	20				

四、竖盘指标差

如果指标不位于过竖盘刻划中心的铅垂线上,则如图 3-16 所示,视线水平时的读数不是 90°或 270°,而是相差 x,这样用一个盘位测得的竖直角值,即含有误差 x,这个误差称为竖盘指标差。为求得正确角值 α,需加入指标差改正,即:

$$\alpha = \alpha_{左} + x \tag{3-4}$$

$$\alpha = \alpha_{右} - x \tag{3-5}$$

求解上述两式,可得:

$$\alpha = \frac{\alpha_{右} + \alpha_{左}}{2} \tag{3-6}$$

$$x = \frac{\alpha_{右} - \alpha_{左}}{2} \tag{3-7}$$

从式(3-6)可以看出,取盘左、盘右结果的平均值时,指标差 x 的影响已自然消除。将式

（3-1）和式（3-2）代入式（3-7），可得：

$$x = \frac{R + L - 360°}{2} \tag{3-8}$$

即利用盘左、盘右照准同一目标的读数，可按上式直接求算指标差 x。如果 x 为正值，说明视线水平时的读数大于 90°或 270°；如果为负值，则情况相反。

以上各公式是按顺时针方向注字的竖盘推导的，同理也可推导出逆时针方向注字竖盘的计算公式。

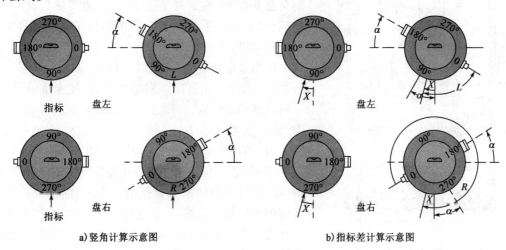

a) 竖角计算示意图   b) 指标差计算示意图

图 3-16 竖盘指标差

在竖直角测量中，常用指标差来检验观测的质量，即在观测的不同测回中或不同的目标时，指标差的较差应不超过规定的限值。例如，用 DJ₆ 级经纬仪作一般工作时，指标差的较差要求不超过 25″。此外，在单独用盘左或盘右观测竖直角时，按式（3-4）或式（3-5）加入指标差 x，仍可得出正确的角值。

第五节　经纬仪的检验与校正

按照计量法的要求，经纬仪与其他测绘仪器一样，必须定期送法定检测机关进行检测，以评定仪器的性能和状态。但在使用过程中，仪器状态会发生变化，因而仪器的使用者应经常利用室外方法进行检验和校正，以使仪器经常处于理想状态。

一、经纬仪的轴线及应满足关系

如图 3-17 所示，经纬仪的主要轴线有视准轴 CC、横轴 HH、管水准器轴 LL、圆水准器轴 $L'L'$ 和竖轴 VV。

为使经纬仪正确工作，其轴线应满足：水准管轴垂直于竖轴、十字丝竖丝垂直于横轴、视准轴垂直于横轴、横轴垂直于竖轴、光学对中器的视准轴与竖轴重合、竖盘指标差等于零。

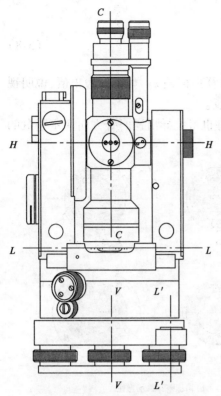

图 3-17 照准部的水准管轴检验

二、经纬仪的检验和校正方法

经纬仪检验的目的,是检查上述的各种关系是否满足。如果不能满足,且偏差超过允许的范围时,则需进行校正。检验和校正应按一定的顺序进行,确定这些顺序的原则是:如果某一项不校正好,会影响其他项目的检验时,则这一项先做;如果不同项目要校正同一部位,则会互相影响,在这种情况下,应将重要项目在后边检验,以保证其条件不被破坏;有的项目与其他条件无关,则先后均可。

1. 水准管轴垂直竖轴($LL \perp VV$)

(1)检验。先将仪器粗略整平后,使水准管平行于一对相邻的脚螺旋,并用这一对脚螺旋使水准管气泡居中,然后将照准部平转 180°,如果气泡仍然居中,说明 $LL \perp VV$,否则需要校正,过程如图 3-18 所示。

(2)校正。校正时先用校正装置升高或降低水准管的一端使气泡退回原偏移量的一半,如图 3-18c)所示,再用脚螺旋使气泡居中,则条件满足,如图 3-18d)所示。水准管校正装置的构造如图 3-19 所示。如果要使水准管的右端降低,则先顺时针转动下边的螺旋,再顺时针

转动上边的螺旋;反之,则先逆时针转动上边螺旋,再逆时针转动下边螺旋。校正好后,应以相反的方向转动上下两个螺旋,将水准管固紧。

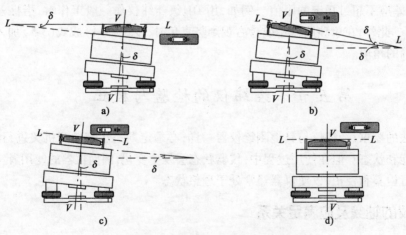

图 3-18 照准部的水准管轴的检验与校正

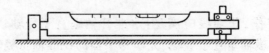

图 3-19 水准管校正装置构造

2. 十字丝竖丝垂直横轴(竖丝⊥HH)

(1)检验。以十字丝交点精确瞄准远处一目标点 P,旋转水平微动螺旋,如 P 点左右移动的轨迹偏离十字丝横丝[图3-20a)],则需要校正。

(2)校正。校正的部位为十字丝分划板,它位于望远镜的目镜端。将护罩打开后,可看到四个固定分划板的螺丝,如图3-20b)所示。稍微拧松这四个螺旋,则可将分划板转动。待转动至满足理想关系后,再旋紧固定螺旋,并将护罩上好。

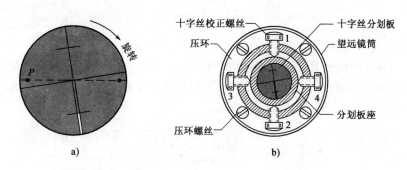

图3-20　十字丝竖丝⊥HH 的检验与校正

3. 视准轴垂直于横轴(CC⊥HH)

视准轴不垂直于横轴时,其偏离垂直位置的角值 c 称为视准轴误差或照准差。在方向法观测中已经给出了两倍照准差的计算方法,虽然盘左盘右观测取均值可以消除同一方向观测的照准差 c,但 c 值过大时,不便于方向观测的计算,所以当 $c > 60''$ 时,必须校正。

(1)检验。选一长约100m 的平坦地面,选择 A、B 两点,将仪器架设于 AB 连线的中点 O 处,并将其整平。如图3-21所示,先以盘左位置照准设于离仪器约50m 的一点 A。再固定照准部,将望远镜倒转180°,改为盘右,并在离仪器约50m 于视线上标出一点 B_1。如果仪器理想关系满足,则 A、O、B_1 三点必在同一直线上。当用同样方法以盘右照准 A 点,再倒转望远镜后,视线应落于 B_1 点上。如果第二次的视线未落于 B_1 点,而是落于另一点 B_2,即说明理想关系不满足,需要进行校正。

(2)校正。由图3-21可以看出,如果视线与横轴不相互垂直,而有一偏差角 C,则 $\angle B_1OB_2 = 4C$。将 B_1B_2 距离分为四等份,取靠近 B_2 点的等分点 B_3,则可近似地认为 $\angle B_3OB_2 = C$。在照准部不动的条件下,将视线从 OB_2 校正到 OB_3,则理想关系可得到满足。

因为视线是由物镜光心和十字丝交点构成的,所以校正的部位仍为十字丝分划板。图3-20中,校正分划板左右两个校正螺旋,则可使视线左右摆动。旋转校正螺旋时,可先松一个,再紧另一个。待校正至正确位置后,应将两个螺旋旋紧,以防松动。

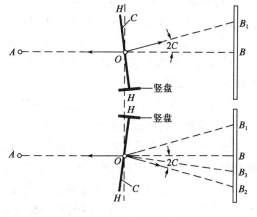

图3-21　CC⊥HH 的检验与校正

4. 横轴垂直于竖轴($HH \perp VV$)

(1)检验。如图 3-22 所示,将仪器架设在一个高的建筑物附近(距离一般为 $20 \sim 30\text{m}$)。当仪器整平以后,在望远镜倾斜约 $30°$ 左右的高处,以盘左照准一清晰的目标点 P,固定照准部,将望远镜放平,在视线上标出墙上的一点 P_1。再将望远镜改为盘右,仍然照准 A 点,并放平视线,在墙上标出一点 P_2。如果仪器理想关系满足,则 P_1、P_2 两点重合。否则,说明这一理想关系不满足,横轴不垂直于竖轴时,其偏离正确位置的角值 i 称为横轴误差,计算公式如下:

$$i = \frac{\overline{P_1 P_2}}{2D} \cot\alpha \rho'' \tag{3-9}$$

当 $i > 20''$ 时,必须校正。

(2)校正。在校正横轴时,需将支架的护罩打开。调整偏心轴承环,抬高或降低横轴的一端使 $i = 0$。该项校正需在无尘的室内环境中,使用专用的平行光管进行操作,一般交给专业维修人员校正。

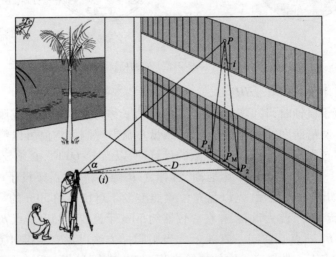

图 3-22　$HH \perp VV$ 的检验与校正

5. 竖盘指标差的检验与校正

(1)检验。检验竖盘指标差的方法,是用盘左、盘右照准同一目标,并读得其读数 L 和 R 后,按式(3-8)计算其指标差值,当指标差大于 $\pm 60''$ 时,需要校正。

(2)校正。保持盘右照准原来的目标不变,这时的正确读数应为 $R - x$。用指标水准管微动螺旋将竖盘读数安置在 $R - x$ 的位置上,这时水准管气泡必然不再居中,调节指标水准管校正螺旋,使气泡居中即可。

6. 光学对中器的视准轴与竖轴重合的检验与校正

(1)检验。在地面上放置一张白纸,在白纸上画一十字形的标志 P,以 P 为对中标志安置好仪器,将照准部旋转 $180°$,如果对中器分划板中心偏离 P 点,而是对准了 P 点旁边的点 P',则说明对中器视准轴与竖轴不重合,需要校正。

(2)校正。用直尺在白纸上定出 P 与 P' 的中点 O,转动对中器校正螺丝使对中器分划板的中心对准 O 点。光学对中器的校正螺丝随型号而异,有些是校正视线转向棱镜组(图 3-23 中的 2、3 棱镜组),有些是校正分划板(图 3-23 中的 4)。松开照准部支架间圆形护盖上的两颗固定螺丝,取出护盖,可以看到图 3-23b)中的 5 个校正螺丝,调节 3 个校正螺丝 8,使视准轴 7 前后倾斜,调节两个校正螺丝 9,使视准轴 7 左右倾斜,直至 P' 点与 O 点重合。

上述的每一项校正,一般都需反复进行几次,直至其误差在容许的范围以内。

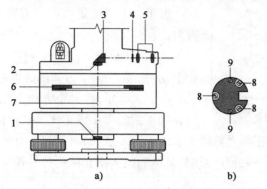

图 3-23 光学对中器的校正

1-保护玻璃;2-物镜;3-转向棱镜;4-分划板;5-目镜组;6-水平度盘;7-视准轴;8-物镜 2 与转向棱镜 3,前后倾斜调节螺丝;
9-物镜 2 与转向棱镜 3,左右倾斜调节螺丝

第六节 水平角测量误差分析

在角度测量中,由于多种原因测量的结果含有误差。研究这些误差产生的原因、性质和大小,以便设法减少其对成果的影响;同时也有助于预估影响的大小,从而判断成果的可靠性。影响测角误差的因素有三类,即仪器误差、观测误差、外界条件的影响。

一、仪器误差

仪器虽经过检验及校正,但总会有残余的误差存在。仪器误差的影响,一般都是系统性的,可以在工作中通过一定的方法予以消除或减小。

主要的仪器误差有:水准管轴不垂直于竖轴,视线不垂直于横轴,横轴不垂直于竖轴,照准部偏心,光学对中器视线不与竖轴旋转中心线重合及竖盘指标差等。

1. 水准管轴不垂直于竖轴

这项误差影响仪器的整平,即竖轴不能严格铅垂,横轴也不水平。但安置好仪器后,它的倾斜方向是固定不变的,不能用盘左盘右消除。如果存在这一误差,可在整平时于一个方向上使气泡居中后,再将照准部平转 180°,这时气泡必然偏离中央。然后用脚螺旋使气泡移回偏离值的一半,则竖轴即可铅垂。这项操作要在互相垂直的两个方向上进行,直至照准部旋转至任何位置时,气泡虽不居中,但偏移量不变为止。

2. 视准轴不垂直于横轴

如图 3-24 所示,如果视线与横轴垂直时的照准方向为 AO,当两者不垂直而存在一个误差角 c 时,则照准点为 O_1。如要照准 O,则照准部需旋转 c' 角。这个 c' 角就是由于这项误差在一个方向上对水平度盘读数的影响。由于 c' 是 c 在水平面上的投影,由图 3-24 可知:

$$c' = \frac{BB_1}{AB} \cdot \rho \qquad (3\text{-}10)$$

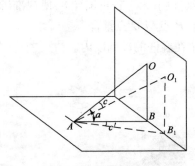

图 3-24 视准轴误差

而 $AB = AO\cos\alpha, BB_1 = OO_1$，所以：

$$c' = \frac{OO_1}{AO\cos\alpha} \cdot \rho = \frac{c}{\cos\alpha} = c \cdot \sec\alpha \qquad (3-11)$$

由于一个角度是由两个方向构成的，则它对角度的影响为：

$$\Delta c = c_2' - c_1' = c(\sec\alpha_2 - \sec\alpha_1) \qquad (3-12)$$

式中：α_2、α_1——两个方向的竖直角。

由上式可知，在一个方向上的影响与误差角 c 及竖直角 α 的正割的大小成正比关系；对一个角度而言，则与误差角 c 及两个方向竖直角正割之差的大小成正比关系，如两个方向的竖直角相同，则影响为零。

因为在用盘左盘右观测同一点时，其影响的大小相同而符号相反，所以在取盘左盘右的平均值时，可自然抵消。

3. 横轴不垂直于竖轴

因为横轴不垂直于竖轴，则仪器整平后竖轴居于铅垂位置，横轴必发生倾斜。视线绕横轴旋转所形成的不是铅垂面，而是一个倾斜平面，如图 3-25 所示。过目标点 O 作一垂直于视线方向的铅垂面，O' 点位于过 O 点的铅垂线上。如果存在这项误差，则仪器照准 O 点，将视线放平后，照准的不是 O' 点而是 O_1 点。如果照准 O' 点，则需将照准部转动 ε 角。这就是在一个方向上，由于横轴下垂直竖轴而对水平度盘读数造成的影响，倾斜直线 OO_1 与铅垂线之间的夹角 i 与横轴的倾角相同，由图 3-25 可知：

$$\varepsilon = \frac{O'O_1}{AO'} \cdot \rho \qquad (3-13)$$

因 $O'O_1 = \frac{i}{\rho} \cdot OO'$，故：

$$\varepsilon = i \cdot \frac{O'O_1}{AO'} = i \cdot \tan\alpha \qquad (3-14)$$

式中：i——横轴的倾角；

α——视线的竖直角。

它对角度的影响为：

$$\Delta\varepsilon = \varepsilon_2 - \varepsilon_1 = i(\tan\alpha_2 - \tan\alpha_1) \qquad (3-15)$$

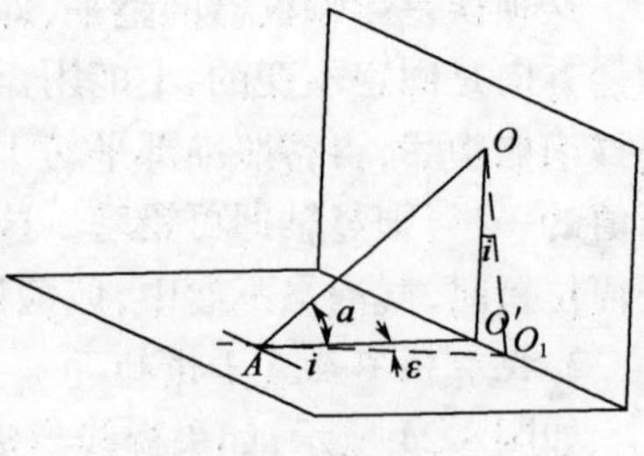

由上式可见，它在一个方向上对水平度盘读数的影响，与横轴的倾角及目标点竖直角的正切成正比关系；它对角度的影响，则与横轴的倾角及两个目标点的竖直角正切之差成正比关系。当两方向的竖直角相等时，其影响为零。

因为对同一目标观测时，盘左盘右的影响大小相同而符号相反，所以取平均值可以得到抵消。

4. 照准部偏心

照准部偏心，即照准部的旋转中心与水平盘的刻划中心不相互重合。这项误差只有对在

图 3-25 横轴误差

52

直径一端有读数的仪器才有影响;而对采用对径符合读法的仪器,可将这项误差自动消除。

如图 3-26 所示,设度盘的刻划中心为 O,而照准部的旋转中心为 O_1。当仪器的照准方向为 A 时,其度盘的正确读数应为 a;但由于偏心的存在,实际的读数为 a_1;$a_1 - a$ 即为这项误差的影响。

照准部偏心影响的大小及符号是依偏心方向与照准方向的关系而变化。如果照准方向与偏心方向一致,其影响为零;两者互相垂直时,影响最大。图 3-26 中,照准方向为 A 时,读数偏大;而照准方向为 B 时,则读数偏小。

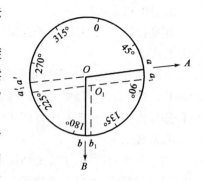

图 3-26　照准部偏心误差

当用盘左盘右观测同一方向时,是读取了对径读数,其影响值大小相等而符号相反;在取读数平均值时,可以抵消。

5. 光学对中器视线不与竖轴旋转中心线重合

这项误差影响测站偏心,将在后述章节详细说明,如果光学对中器附在基座上,在观测测回数的一半时,可将基座平转 180°再进行对中,以减少其影响。

6. 竖盘指标差

这项误差影响竖直角的观测精度。如果工作时预先测出,在用半测回测角的计算时予以考虑,或者用盘左盘右观测取其平均值,则可得到抵消。

二、观测误差

造成观测误差的原因有两个:一是工作时不够细心;二是受人的器官及仪器性能的限制。观测误差主要有:测站偏心、目标偏心、照准误差及读数误差。对于竖直角观测,则有指标水准器的调平误差。

1. 测站偏心

测站偏心的大小,取决于仪器对中装置的状况及操作的仔细程度。它对测角精度的影响如图 3-27 所示。设 O 点为地面标志点,O_1 点为仪器中心,则实际测得的角为 β',而非应测的 β,两者相差为:

$$\Delta\beta = \beta - \beta' = \delta_1 + \delta_2 \qquad (3\text{-}16)$$

由图 3-27 可以看出,观测方向与偏心方向越接近 90°,边长越短,偏心距 e 越大,则对测角的影响越大。所以当测角精度要求一定时,边越短,则对中精度要求越高。

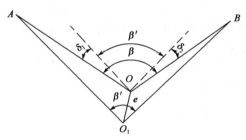

图 3-27　测站偏心误差

2. 目标偏心

在测角时,通常都要在地面点上设置观测标志,如花杆、垂球等。造成目标偏心的原因可能是标志与地面点对得不准,或者标志没有铅垂,而照准标志的上部时使视线偏移。

与测站偏心类似,偏心距越大,边长越短,则目标偏心对测角的影响越大。所以在短边测角时,尽可能用垂球作为观测标志。

3. 照准误差

照准误差的大小,决定于人眼的分辨能力、望远镜的放大率、目标的形状及大小和操作的仔细程度。

人眼的分辨能力一般为$60''$;设望远镜的放大率为v,则照准时的分辨能力为$60''/v$。我国统一设计的DJ_6及DJ_2级光学经纬仪的放大率为28倍,所以照准时的分辨力为$2.14''$。照准时应仔细操作,对于粗的目标宜用双丝照准,细的目标则用单丝照准。

4. 读数误差

对于分微尺读法,主要是估读最小分划的误差,对于对径符合读法,主要是对径符合的误差所带来的影响,所以在读数时宜特别注意。DJ_6级仪器的读数误差最大为$\pm 12''$,DJ_2级仪器为$\pm (2'' \sim 3'')$。

5. 竖盘指标水准器的整平误差

在读取竖盘读数以前,须先将指标水准器整平。DJ_6级仪器的指标水准器分划值一般为$30''$,DJ_2级仪器一般为$20''$。这项误差对竖直角的影响是主要因素,操作时宜分外注意。

三、外界条件的影响

外界条件的因素十分复杂,如天气的变化、植被的不同、地面土质松紧的差异、地形的起伏,以及周围建筑物的状况等,都会影响测角的精度。风力会使仪器不稳,地面土松软可使仪器下沉,强烈阳光照射会使水准管变形,视线靠近反光物体则有折光影响。这些影响因素在测角时,应注意尽量予以避免。

复习思考题

1. 水平角和竖直角分别是什么?竖直角的符号如何定义?

2. 根据测角的要求,经纬仪应具有哪些功能?其相应的构造是什么?

3. 复测经纬仪和方向经纬仪最主要的区别是什么?如果要使照准某一方向的水平度盘读数为$0°00'00''$,两种仪器分别应如何操作?

4. 试述测回法测水平角的步骤,并根据表3-5的记录计算平均值及平均角值。

测回法测水平角手簿   表3-5

测站	测点	盘位	水平度盘读数 (° ′ ″)	水平角值 (° ′ ″)	平均角值 (° ′ ″)	备 注
O	A	左	20 01 10			
	B		67 12 30			
	B	右	247 12 56			
	A		200 01 50			

5. 试述用方向法测水平角的步骤,并根据表3-6的记录计算各个方向的方向值。

方向法测水平角手簿　　　　　　　　　　　　表3-6

测站	测点	水平盘读数						左－右(2c)	$\frac{左＋右}{2}$(° ′ ″)	方向值(° ′ ″)	备注
		盘　左			盘　右						
		(° ′)	(″)	(″)	(° ′)	(″)	(″)				
O	A	0 02	06 04		180 02	16 18					
	B	37 44	12 14		217 44	12 14					
	C	110 29	06 07		290 28	54 56					
	D	150 15	04 07		330 14	56 58					
	A	0 02	07 09		180 02	20 22					
		$\Delta_左=$			$\Delta_右=$						

6. 在观测竖直角时,为什么指标水准管的气泡必须居中?

7. 竖盘指标差是什么? 如何测定它的大小? 如何决定其符号?

8. 经纬仪应满足哪些理想关系? 如何进行检验? 各校正什么部位? 检校次序根据什么原则决定?

9. 在测量水平角及竖直角时,为什么要用两个盘位?

10. 影响水平角和竖直角测量精度的因素有哪些? 各应如何消除或降低其影响?

第四章　距离测量和直线定向

距离是确定地面点位置的基本要素之一。测量上要求的距离是指两点间的水平距离(简称平距),如图4-1所示,AB 的长度代表了地面点 A、B 之间的水平距离。若测得的是倾斜距离(简称斜距),还须将其改算为平距。水平距离测量的方法很多,按所用测距工具的不同,测量距离的方法有一般有钢尺量距、视距测量、光电测距、全站仪测距等。

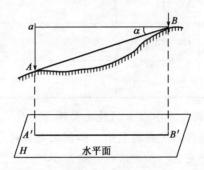

图 4-1　两点间的水平距离

第一节　钢　尺　量　距

钢尺量距是利用具有标准长度的钢尺直接量测两点间的距离的。按丈量方法的不同,它分为一般量距和精密量距。一般量距读数至厘米,精度可达 1/3 000 左右;精密量距读数至亚毫米,精度可达 1/3 万(钢卷带尺)及 1/100 万(因瓦线尺)。由于光电测距的普及,在现今的测量工作中已很少使用钢尺量距,下面仅介绍钢尺量距的一般要求。

一、量距工具

钢尺是用钢制成的带状尺,尺宽约 10 ~ 15mm,厚度约为 0.4mm,长度有 20m、30m 和 50m 等数种。钢尺有卷放在圆盘形的尺壳内的,也有放在金属或塑料尺架上的,如图4-2 所示。

图 4-2　钢尺

钢尺的分划有多种,有以厘米为基本分划的,适用于一般量距;有的则在尺端第一分米内刻有毫米分划;也有将整尺都刻出毫米分划的;后两种适用于精密量距。根据零点位置的不

56

同,钢尺有端点尺和刻线尺两种:端点尺是以尺的最外端作为尺的零点,如图4-3a)所示;刻线尺是以前端的一条分化线作为尺的零点,如图4-3b)所示。

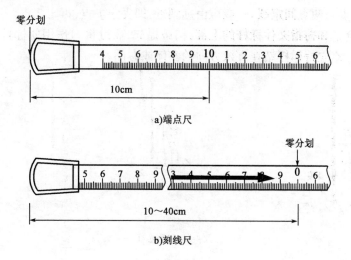

图4-3　钢尺的分划

钢尺量距的辅助工具有测钎、标杆、垂球、弹簧秤和温度计,如图4-4所示。

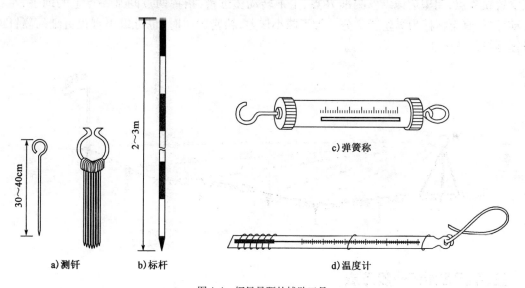

图4-4　钢尺量距的辅助工具

二、直线定线

当地面上两点之间的距离大于钢尺的一个尺长时,就需要在直线方向上标定若干个分段点,以便于用钢尺分段丈量。直线定线的目的是使这些分段点在待测量直线端点的连线上,其方法一般有两种,即目测定线和经纬仪定线。

1. 目测定线

目测定线是钢尺量距的一般方法。如图4-5所示,设A、B两点相互通视,要在A、B两点连线上标出分段点1、2点。即先在A、B点上竖立标杆,甲站在A点标杆后约1m处,指挥乙左右移动标杆,直到甲从A点沿标杆的同一侧看到A、2、B三支标杆成一条线为止,同时可以定出直线上的其他点。两点间定线,一般应由远到近,即先定1点,再定2点。定线时,乙所持标杆应竖直,利用食指和拇指夹住标杆的上部,稍微提起,通过重力作用使标杆自然竖直。为了不挡住甲的视线,乙应持标杆站在直线方向的左侧或右侧。

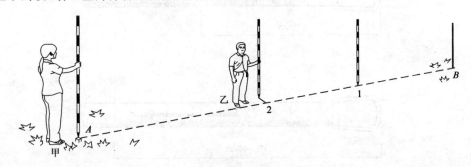

图4-5　目测定线

2. 经纬仪定线

经纬仪定线是适用于钢尺量距的精密方法,如图4-6所示。设A、B两点相互通视,将经纬仪安置在A点,用望远镜纵丝瞄准B点,上下转动望远镜,指挥两点间某一点上的助手,左右移动标杆,直至标杆为纵丝所平分。为了减小误差,精密定线时,也可以用直径更细的测钎或者锤球线代替标杆。

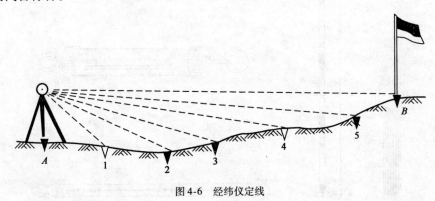

图4-6　经纬仪定线

三、钢尺量距的一般方法

1. 平坦地面距离丈量

沿平坦地面量距,可先在地面定出直线方向,也可边定线边丈量。丈量时后司尺手持钢尺零点一端,前司尺手持钢尺末端,通常用测钎标示尺段端点位置。丈量尽量用整尺段,一般仅末一段用零尺段丈量,注意记清整尺段数。如图4-7所示,整尺段数用n表示,余长用q表示,整尺长用l表示,则丈量的距离D可表示为:

$$D = nl + q \tag{4-1}$$

为了防止丈量过程发生错误,同时也为了提高丈量精度,通常采用往返丈量做比较,若合乎要求,取其平均值作为最后丈量结果。

2.倾斜地面距离丈量

丈量地面倾斜时,可将钢尺的一端抬高或两端同时抬高,使尺子水平,如图4-8所示。尺子的水平情况可由第三人离尺子侧边适当距离用目估法判定。一般使尺子一端靠地,易于对准端点位置,尺子另一端用锤球线紧靠尺的某分划,此时尺子应拉紧成水平,锤球线在地面上的投影

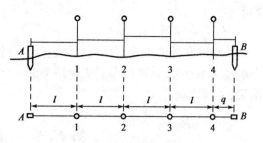

图4-7　平坦地面距离丈量

点即为某分划的水平投影位置。若坡度平缓,可整尺段丈量或分段丈量。若坡度较大,整个线段需分成若干个零尺段量得。

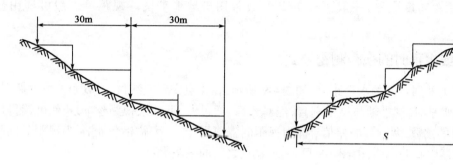

图4-8　倾斜地面距离丈量

四、钢尺量距的误差分析

1.钢尺误差

(1)尺长误差

钢尺的名义长度和实际长度不符合,将产生尺长误差,尺长误差具有积累性,即丈量的距离越长,误差越大。因此,新钢尺要进行检定,测出其尺长改正值。

(2)温度误差

钢尺的长度随温度变化,当丈量的温度与钢尺检定时的标准温度不一致时,将产生温度误差。

2.使用误差

(1)钢尺倾斜和垂曲误差

在高低不平的地面上采用钢尺水平法量距时,钢尺不水平或中间下垂成曲线时,都会使丈量的长度值比实际长度大。因此,丈量时应注意使钢尺水平,整尺段悬空时,中间应有人托住钢尺,否则将产生垂曲误差。

(2)定线误差

丈量时钢尺没有准确地放置在所量距离的直线方向上,则所量距离不是直线而是一组折线,造成丈量结果偏大,这种误差称为定线误差。

(3)拉力误差

钢尺在丈量时所受拉力应与检定时的拉力相同,拉力变化时将对测量结果造成一定的

影响。

（4）丈量误差

丈量时在地面上标志尺端点位置处插测钎不准，前、后尺手配合不佳，余长读数不准等都会引起丈量误差，这种误差对丈量结果的影响可正可负，大小不定。在丈量中应尽量做到对点准确，配合协调。

第二节 视 距 测 量

视距测量是利用测量仪器望远镜中的视距丝并配合视距尺，根据几何光学及三角学原理，同时测定两点间的水平距离和高差的一种方法。此法操作简单，速度快，不受地形起伏的限制，但测距精度较低，一般可达 1/200，故常用于地形测图。视距尺一般可选用普通塔尺。

一、视线水平时的视距测量公式

欲测定 A、B 两点间的水平距离，如图 4-9 所示，在 A 点安置经纬仪，在 B 点竖立视距尺，当望远镜视线水平时，视准轴与尺子垂直，经对光后，通过上、下两条视距丝 m、n 就可读得尺上 M、N 两点处的读数，两读数的差值 l 称为视距间隔或视距。f 为物镜焦距，p 为视距丝间隔，δ 为物镜至仪器中心的距离，由图 4-9 可知，A、B 点之间的平距为：

$$D = d + f + \delta \tag{4-2}$$

其中，d 由两相似三角形 MNF 和 mnF 求得：

$$\frac{d}{f} = \frac{l}{p}$$

即：$d = (f/p)l$，因此：

$$D = \frac{f}{p}l + (f + \delta) \tag{4-3}$$

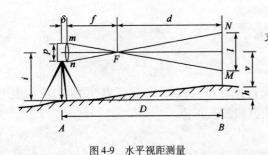

图 4-9 水平视距测量

令 $f/p = K$，称为视距乘常数，$f + \delta = c$，称为视距加常数，则：

$$D = Kl + c \tag{4-4}$$

在设计望远镜时，适当选择有关参数后，可使 $K = 100$，$c = 0$。于是，视线水平时的视距公式为：

$$D = 100l \tag{4-5}$$

两点间的高差为：

$$h = i - v \tag{4-6}$$

式中：i——仪器高；

v——望远镜的中丝在尺上的读数。

二、视线倾斜时的视距测量公式

当地面起伏较大时,必须将望远镜倾斜才能照准视距尺,如图 4-10 所示,此时的视准轴不再垂直于尺子,前面推导的公式就不适用了。若想引用前面的公式,测量时则必须将尺子置于垂直于视准轴的位置,但那是不太可能的。因此,在推导倾斜视线的视距公式时,必须加上两项改正:①视距尺不垂直于视准轴的改正;②倾斜视线(距离)化为水平距离的改正。

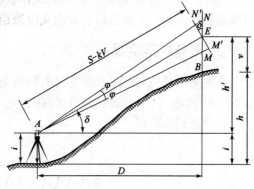

图 4-10 中,设视准轴倾斜角为 δ,因为 φ 角很小,略为 $17'$,故可将 $\angle NN'E$ 和 $\angle MM'E$ 近似看作直角,则 $\angle NEN' = \angle MEM' = \delta$,于是:

$$l' = M'N' = M'E + EN' = ME\cos\delta + EN\cos\delta$$
$$= (ME + EN)\cos\delta = l\cos\delta$$

根据式(4-4)得倾斜距离,即:

$$S = Kl' = Kl\cos\delta$$

换算为平距为:

$$D = S\cos\delta = Kl\cos^2\delta \tag{4-7}$$

图 4-10 倾斜视距测量

A、B 两点间的高差为:

$$h = h' + i - v$$

式中:

$$h' = S\sin\delta = Kl\cos\delta \cdot \sin\delta = \frac{1}{2}Kl\sin2\delta$$

称为初算高差。故视线倾斜时的高差公式为:

$$h = \frac{1}{2}Kl\sin2\delta + i - v \tag{4-8}$$

第三节　光　电　测　距

一、光电测距概述

光电测距技术属于电磁波测距(物理测距)的一种。早期电磁波测距是第二次世界大战后出现的为军事需要而产生的雷达测距,即采用地面测量的微波(包括厘米波、毫米波)测距技术。1947 年,世界上研制成功了第一台以光波为载波的精度更高的光电测距仪。20 世纪 60 年代初,随着电子技术与计算机技术的发展,光电测距仪得到迅速发展,更新换代十分频繁,几乎每年都有新一代的产品问世。改革开放以来,我国一方面从瑞士、瑞典、德国、日本等国家引进了大量的电子测绘仪器,另一方面也自主研制和批量生产了多种型号稳定可靠、性能价格比高的光电测距仪。

光电测距仪种类繁多,存在多种分类方法,一般可按照测程、结构、光源、功能、精度进行划分。最常见的划分方法是根据我国专业标准《中、短程光电测距规范》(GB/T 16818—2008)规定,将测距仪按测程大小分为:短程测距仪(测程为3km及3km以内)、中程测距仪(测程为3～15km)、远程测距仪(测程超过15km);按精度高低分为Ⅰ级测距仪($m_D \leq 5mm$)、Ⅱ级测距仪($5mm < m_D \leq 10mm$)、Ⅲ级测距仪($m_D > 10mm$)。此外,按采用的载波不同,可分为利用微波作载波的微波测距仪,以及利用光波作载波的光电测距仪。光电测距仪所使用的光源一般有激光和红外光。下面将简要介绍光电测距的原理及测距成果整理等内容。

二、光电测距原理

光电测距是通过测量光波在待测距离上往返一次所经历的时间,来确定两点之间的距离。如图4-11所示,在A点安置测距仪,在B点安置反射棱镜,测距仪发射的调制光波到达反射棱镜后又返回到测距仪。

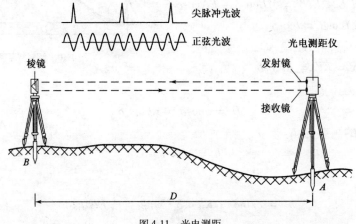

图4-11 光电测距

设光速c为已知,如果调制光波在待测距离D上的往返传播时间为t,则距离D为:

$$D = \frac{1}{2}c \cdot t \qquad (4-9)$$

式中:c——$c = c_0/n$,其中c_0为真空中的光速,其值为299 792 458m/s,n为大气折射率,它与光波波长λ、测线上的气温T、气压P和湿度e有关。

因此,测距时还需测定气象元素,对距离进行气象改正。

由式(4-9)可知,测定距离的精度主要取决于时间t的测定精度,即$dD = \frac{1}{2}cdt$。当要求测距误差dD小于1cm时,时间测定精度dt要求准确到6.7×10^{-11}s,这是难以做到的。因此,时间的测定一般采用间接的方式来实现。间接测定时间的方法有两种,即脉冲法测距和相位法测距。

1.脉冲法测距

由测距仪发出的光脉冲经反射棱镜反射后,又回到测距仪而被接收系统接收,测出这一光脉冲往返所需时间间隔t的时钟脉冲的个数,进而求得距离D。因为时钟脉冲计数器的频率所限,所以测距精度只能达到0.5～1m。因此,此法常用在激光雷达等远程测距。

2.相位法测距

相位法测距是通过测量连续的调制光波在待测距离上往返传播所产生的相位变化来间接测定传播时间,从而求得被测距离。红外光电测距仪就是典型的相位式测距仪。

红外光电测距仪的红外光源是由砷化镓(GaAs)发光二极管产生的。如果在发光二极管上注入一恒定电流,它发出的红外光光强则恒定不变。若在其上注入频率为 f 的高变电流(高变电压),则发出的光强随着注入的高变电流呈正弦变化,如图 4-12 所示,这种光称为调制光。

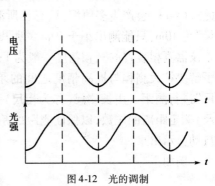

图 4-12 光的调制

测距仪在 A 点发射的调制光在待测距离上传播,被 B 点的反射棱镜反射后又回到 A 点而被接收机接收,然后由相位计将发射信号与接收信号进行相位比较,得到调制光在待测距离上往返传播所引起的相位移 φ,其相应的往返传播时间为 t。如果将调制波的往程和返程展开,则有如图 4-13 所示的波形。

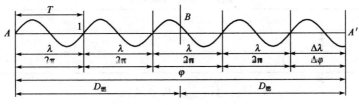

图 4-13 相位式测距原理

设调制光的频率为 f(每秒振荡次数),其周期 $T = \dfrac{1}{f}$[每振荡一次的时间(s)],则调制光的波长为:

$$\lambda = c \cdot T = \frac{c}{f} \tag{4-10}$$

从图 4-13 中可看出,在调制光往返的时间 t 内,其相位变化了 N 个整周(2π)及不足一周的余数 $\Delta\varphi$,而对应 $\Delta\varphi$ 的时间为 Δt,距离为 $\Delta\lambda$,则:

$$t = NT + \Delta t \tag{4-11}$$

由于变化一周的相位差为 2π,则不足一周的相位差 $\Delta\varphi$ 与时间 Δt 的对应关系为:

$$\Delta t = \frac{\Delta\phi}{2\pi} \cdot T \tag{4-12}$$

于是得到相位测距的基本公式,即:

$$D = \frac{1}{2}c \cdot t = \frac{1}{2}c \cdot \left(NT + \frac{\Delta\phi}{2\pi}T\right)$$

$$= \frac{1}{2}c \cdot T\left(N + \frac{\Delta\phi}{2\pi}\right) = \frac{\lambda}{2}(N + \Delta N) \tag{4-13}$$

式中:$\Delta N = \dfrac{\Delta\phi}{2\pi}$,即不足一整周的小数。

在相位测距基本公式(4-13)中,常将 $\lambda/2$ 看作一把"光尺"的尺长,测距仪就是使用这把

"光尺"丈量距离。N 为整尺段数，ΔN 为不足一整尺段之余数。两点间的距离 D 等于整尺段总长 $\lambda/2N$ 和余尺段长度 $\lambda/2\Delta N$ 之和。

测距仪的测相装置（相位计）只能测出不足整周（2π）的尾数 $\Delta\varphi$，而不能测定整周数 N，因此式（4-13）会产生多值解，只有当所测距离小于光尺长度时，才能有确定的数值。例如，"光尺"为 10m，只能测出小于 10m 的距离；"光尺"为 1 000m，则可测出小于 1 000m 的距离。又由于仪器测相装置的测相精度一般为 1/1 000，测尺越长测距误差越大，其关系可参见表4-1。为了解决扩大测程与提高精度之间的矛盾，目前的测距仪一般采用两个调制频率，即两把"光尺"进行测距。用长测尺（称为**粗尺**）测定距离的大数，以满足测程的需要；用短测尺（称为**精尺**）测定距离的尾数，以保证测距的精度。将两者结果衔接组合起来，就是最后的距离值，并自动显示出来。

例如：

粗测尺结果 0324
精测尺结果   3.817
显示距离值 323.817m

测尺长度与测距精度   表4-1

测尺长度（$\lambda/2$）	10m	100m	1km	2km	10km
测尺频率（f）	15MHz	1.5MHz	150kHz	75kHz	15kHz
测距精度	1cm	10cm	1m	2m	10m

若想进一步扩大测距仪器的测程，可以多设几个测尺。

三、测距成果整理

在测距仪测得初始斜距值后，还需要加上仪器常数改正、气象改正和倾斜改正等，最后求得水平距离。

1. 仪器常数改正

仪器常数有加常数 K 和乘常数 R 两项。

由仪器的发射中心、接收中心与仪器旋转竖轴不一致而引起的测距偏差值，称为仪器加常数。实际上仪器加常数还包括由反射棱镜的组装（制造）偏心或棱镜等效反射面与棱镜安置中心不一致引起的测距偏差，称为棱镜加常数。仪器的加常数改正值 δ_K 与距离无关，并可预置于机内做自动改正。

仪器乘常数主要是由测距频率偏移而产生的。乘常数改正值 δ_R 与所测距离成正比关系。在有些测距仪中可预置乘常数做自动改正。

仪器常数改正的最终式可写成：

$$\Delta S = \delta_K + \delta_R = K + R \cdot S \tag{4-14}$$

2. 气象改正

仪器的测尺长度是在一定的气象条件下推算出来的。野外实际测距时的气象条件不同于制造仪器时确定仪器测尺频率所选取的基准（参考）气象条件，故测距时的实际测尺长度不等于标称的测尺长度，使测距值产生与距离长度成正比关系的系统误差。所以，在测距时应同时测定当时的气象元素，如温度和气压，利用厂家提供的气象改正公式计算距离改正值。

如某测距仪的气象改正公式为:

$$\Delta S = \left(283.37 - \frac{106.283\,3P}{273.15 + t} \right) \cdot S\,(\text{mm}) \tag{4-15}$$

式中: P——气压(hPa);

　　　t——温度(℃);

　　　S——距离测量值(km)。

目前,所有的测距仪都可将气象参数预置于机内,在测距时自动进行气象改正。

3. 倾斜改正

距离的倾斜观测值经过仪器常数改正和气象改正后得到改正后的斜距。

当测得斜距的竖角 δ 后,可按下式计算水平距离:

$$D = S\cos\delta \tag{4-16}$$

四、测距仪标称精度

当顾及仪器加常数 K,并将 $c = c_0/n$ 代入式(4-15),相位测距的基本公式可写成:

$$S = \frac{c_0}{2nf}\left(N + \frac{\Delta\varphi}{2\pi} \right) + K \tag{4-17}$$

式中, c_0、n、f、$\Delta\varphi$ 和 K 的误差都会使距离产生误差。若对上式作全微分,并应用误差传播定律,则测距误差可表示成:

$$M_S^2 = \left(\frac{m_{c_0}^2}{c_0^2} + \frac{m_n^2}{n^2} + \frac{m_f^2}{f^2} \right)S + \left(\frac{\lambda}{4\pi} \right)m_{\Delta\varphi}^2 + m_K^2 \tag{4-18}$$

式(4-17)中的测距误差可分成两个部分:前一项误差与距离成正比关系,称为比例误差;而后两项与距离无关,称为固定误差。因此,常将上式写成如下形式,作为仪器的标称精度:

$$M_S = \pm (A + B \cdot S) \tag{4-19}$$

例如,某测距仪的标称精度为:

$$\pm 3\text{mm} + 2 \times 10^{-6} \cdot S$$

说明该测距仪的固定误差 $A = 3\text{mm}$,比例误差 $B = 2\text{mm/km(ppm)}$, S 的单位为 km。

目前,测距仪已很少单独生产和使用,而是将其与电子经纬仪组合成一体化的全站仪。因此,关于测距仪的使用将在下一章全站仪中介绍。

第四节　直　线　定　向

确定地面直线与标准北方向之间的水平夹角称为直线定向。测量工作中,作为直线标准方向的有真子午线方向、磁子午线方向和坐标纵轴方向三种。

一、标准方向

1. 真子午线方向

过地球上某点及地球的北极和南极的半个大圆称为该点的真子午线,如图 4-14 所示。真子午线方向指出地面上某点的真北和真南方向。真子午线方向需用天文观测方法、陀螺经纬仪和 GPS 来测定。

因为地球上各点的真子午线都向两极收敛而会集于两极,所以虽然各点的真子午线方向都是指向真北和真南,然而在经度不同的点上,真子午线方向互不平行。两点真子午线方向间的夹角称为子午线收敛角。

2. 磁子午线方向

过地球上某点及地球南北磁极的半个大圆称为该点的磁子午线。所以,自由旋转的磁针静止下来所指的方向就是磁子午线方向。磁子午线方向可用罗盘来确定。

由于地磁的两极与地球的两极并不一致,北磁极约位于西经 100.0°北纬 76.1°;南磁极约位于东经 139.4°南纬 65.8°。所以同一地点的磁子午线方向与真子午线方向不能一致,其夹角称为**磁偏角**,用符号 δ 表示(图 4-14)。磁子午线方向北端在真子午线方向以东时为东偏,δ 定为 " + ";在西时为西偏,δ 定为 " - "。磁偏角的大小随地点、时间而异,在我国磁偏角的变化约在 +6°(西北地区)到 -10°(东北地区)之间。因为地球磁极的位置不断地变动,以及磁针受局部吸引等影响,所以磁子午线方向不宜作为精确定向的基本方向。但因为用磁子午线定向方法简便,所以在独立的小区域测量工作中仍可采用。

3. 坐标纵轴方向

不同点的真子午线方向或磁子午线方向都是不平行的,这致使直线方向的计算很不方便。采用坐标纵轴方向作为基本方向,这样各点的基本方向都是平行的,所以方向的计算十分方便。

通常取测区内某一特定的子午线方向作为坐标纵轴,在一定范围内部以坐标纵轴方向作为基本方向。图 4-15 中,以过 O 点的真子午线方向作为坐标纵轴,所以任意点 A 或点 B 的真子午线方向与坐标纵轴方向间的夹角就是任意点与 O 点间的子午线收敛角 γ,当坐标纵轴方向的北端偏向真子午线方向以东时,γ 定为 " + ",偏向西时 γ 定为 " - "。

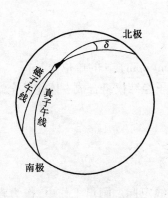

图 4-14　子午线方向

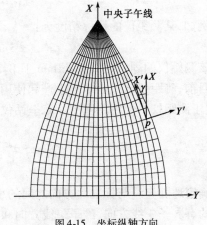

图 4-15　坐标纵轴方向

二、确定直线方向的方法

确定直线方向是确定直线和基本方向之间的角度关系,有两种方法;方位角和象限角。

1. 方位角

由基本方向的指北端起,按顺时针方向量到直线的水平角为该直线的**方位角**(Azimuth),用 A 表示。所以方位角的定义域为$[0,360°)$,如图 4-16 中 O_1、O_2、O_3 和 O_4 的方位角分别为 A_1、A_2、A_3 和 A_4。

确定一条直线的方位角,首先要在直线的起点做出基本方向如图 4-17 所示。如果以真子午线方向作为基本方向,那么得出的方位角称为**真方位角**,用 A 表示;如果以磁子午线方向为基本方向,则其方位角称为**磁方位角**,用 A_m 表示;如果以坐标纵轴方向为基本方向,则其角称为坐标方位角,用 α 表示。由于一点的真子午线方向与磁子午线方向之间的夹角是磁偏角 δ,真子午线方向与坐标纵轴方向之间的夹角是子午线收敛角 γ,所以由图 4-17 不难看出,真方位角和磁方位角之间的关系为:

$$A_{EF} = A_{mEF} + \delta_E \tag{4-20}$$

真方位角和坐标方位角之间的关系为:

$$A_{EF} = \alpha_{EF} + \gamma_E \tag{4-21}$$

式中,δ 和 γ 的值东偏时为" $+$ ",西偏时为" $-$ "。

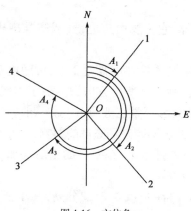

图 4-16　方位角

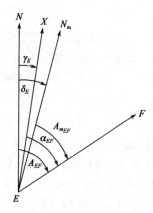

图 4-17　方位角之间的关系

2. 象限角

直线与基本方向构成的锐角称为直线的象限角,如图 4-18 所示。

三、直线的正反方向

一条直线有正反两个方向:在直线起点量得的直线方向称为**直线的正方向**;反之在直线终点量得的直线的方向称为**直线的反方向**。

例如,图 4-19 中,直线由 E 到 F,在起点 E 得直线的方位角为 A_{EF} 或 α_{EF},而在终点 F 得直线的方位角为 A_{FE} 或 α_{FE},A_{FE} 或 α_{FE} 是直线 EF 的反方位角。同一直线的正反真方位角的关系为:

$$A_{FE} = A_{EF} \pm 180° + \gamma_F \tag{4-22}$$

式中:γ_F——EF 两点间的子午线收敛角。

而正反坐标方位角的关系为:

$$\alpha_{FE} = \alpha_{EF} \pm 180° \tag{4-23}$$

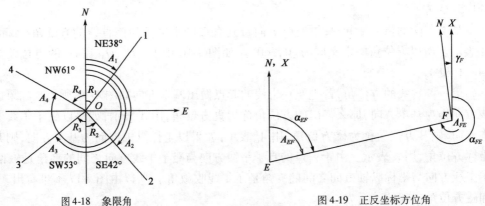

图 4-18 象限角　　　　　　　　图 4-19 正反坐标方位角

由以上的变换关系可以看出,采用坐标方位角计算最为方便,因此在直线定向中一般均采用坐标方位角。

第五节 用罗盘仪测量直线的磁方向

罗盘仪是测量直线磁方位角或磁象限角的一种仪器,它主要由望远镜(或照准觇板)、磁针和度盘三个部分组成,如图 4-20 所示。

望远镜 1 是照准用设备,它安装在支架 5 上,而支架则连接在度盘盒 3 上,可随度盘一起旋转。磁针 2 支承在度盘中心的顶针上,可以自由转动,静止时所指方向即为磁子午线方向。为保护磁针和顶针,不用时应旋紧制动螺旋 4,可将磁针托起压紧在玻璃盖上。一般磁针的指北端染成黑色或蓝色,用来辨别指北或指南端。由于受两极不同磁场强度的影响,在北半球磁针的指北端向下倾斜,倾斜的角度称为“磁倾角”。为使磁针水平,在磁针的指南端加上一些平衡物,这也有助于辨别磁针的指南或指北端。

度盘安装在度盘盒内,随望远镜一起转动。度盘上刻有 1°或 0.5°的分划,其注记是自 0 起按逆时针方向增加至一周 360°,过 0 和 180°的直径和望远镜视准轴方向一致。这种方式可直接读出直线的磁方位角,所以将其称为方位罗盘仪,如图 4-21 所示。

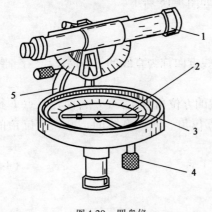

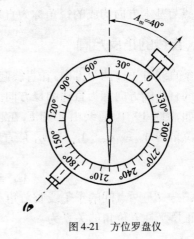

图 4-20 罗盘仪　　　　　　　　　图 4-21 方位罗盘仪

1-望远镜;2-磁针;3-度盘盒;4-制动螺旋;5-支架

用罗盘仪测量直线方向时,将罗盘仪安置在直线的起点。对中、整平后,照准直线的另一端,然后放松磁针,当磁针静止后,即可进行读数。读数规则如下:

如果观测时物镜靠近 0,目镜靠近 180°,则用磁针的北端直接读出直线的磁方位角。反之则用磁针的南端读出。如图 4-21 所示,读得磁方位角为 40°。

使用罗盘仪测量时应注意使磁针能自由旋转,勿触及盒盖或盒底;测量时应避开钢轨、高压线等,仪器附近不要有铁器。

复习思考题

1. 水平距离是什么? 为什么测量距离的最后结果都要转换为水平距离?

2. 距离测量有哪几种方法? 光电测距仪的测距原理是什么?

3. 下列情况对钢尺量距有何影响?

①钢尺比标准尺短;②定线偏差;③钢尺不水平;④拉力忽大忽小;⑤温度比钢尺验定时低;⑥锤球落点不准。

4. 影响钢尺量距精度的因素有哪些? 如何消除或减弱这些因素的影响?

5. 简要说明视距测量原理。

6. 为什么要确定直线的方向? 怎样确定直线的方向?

7. 定向的基本方向有哪几种? 确定直线与基本方向之间的关系有哪些方法?

8. 子午线收敛角是什么? 它的大小和正负号与哪些因素有关?

图 4-22 中,过 I 点的真子午线方向为坐标纵轴方向,在图中标出 IJ、JK、KI 三条直线的真方位角和坐标方位角,并列出各边真方位角和坐标方位角之间的关系式。

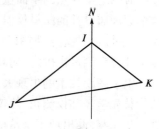

图 4-22　方位角关系示意图

9. 不考虑子午线收敛角,计算表 4-2 中空白部分。

方位角和象限角的换算　　　　　表 4-2

直线名称	正方位角	反方位角	正象限角	反象限角
AB				SW24°32′
AC			SE52°56′	
AD		60°12′		
AE	38°14′			

第五章　全站型电子速测仪

全站型电子速测仪,简称全站仪,是由电子测角、光电测距、微处理器与机载软件组合而成的智能光电测量仪器。它的基本功能是测量水平角、竖直角和斜距,借助机载软件,可以组成多种测量功能,如计算并显示平距、高差及镜站点的三维坐标,进行偏心测量、悬高测量、对边测量、后方交会测量、面积计算与道路测量等。因此,其在机场工程中有着广阔的应用前景。鉴于当前全站仪型号较多,本章不针对具体型号,只是介绍全站仪的基本知识。

第一节　全站仪概述

在传统的测量中,人们已经提到了"速测法"。它是指使用一种仪器在同一个测站点,能够同时测定某一点的平面位置和高程的方法。这种方法也称"速测术",速测仪最初就是根据这个原理而设计的测量仪器。速测仪的距离测量是通过光学方法来实现的,称为"光学速测仪"。实际上,"光学速测仪"就是指带有视距丝的经纬仪,而测定点的平面位置由经纬仪角度测量和视距测量来确定,而高程则是用三角高程的测量方法来确定的。

电子测距技术的出现大大推动了测速仪的发展。用光电测距代替光学视距,用电子经纬仪代替光学经纬仪测角,使仪器的测量距离更大、时间更短、精度更高。随着仪器结构、功能的进一步完善,便出现了全站仪。

早期的全站仪由于体积大、质量大、价格昂贵等因素,其推广应用受到了很大的局限。自 20 世纪 80 年代起,由于大规模集成电路和微处理机及其半导体发光元件性能的不断完善和提高,全站仪进入了成熟与蓬勃发展阶段。其表现特征是小型、轻巧、精密、耐用,并具有强大的软件功能。特别是 1992 年以来,新颖的电脑智能型全站仪投入世界测绘仪器市场,如索佳(SOKKIA)系列、拓普康(TOPCON)系列、尼康(NIKON)系列、徕卡(LEI-CA)系列等,其特征是操作更加方便快捷、测量精度更高、内存量更大、结构造型更精美合理。

当前,全站仪在各行各业中得到了广泛的应用,其应用范围已不仅局限于测绘工程、建筑工程、交通与水利工程、地籍与房地产测量,而且在大型工业生产设备和构件的安装调试、船体设计施工、大桥水坝的变形观测、地质灾害监测及体育竞技等领域中都得到了广泛应用。全站仪的应用具有以下特点:

(1)在地形测量过程中,可以将控制测量和地形测量同时进行。

(2)在施工放样测量中,可以将设计好的管线、道路、工程建筑的位置测设到地面上,实现三维坐标快速施工放样。

(3)在变形观测中,可以对建筑(构筑)物的变形、地质灾害等进行实时动态监测。

（4）在控制测量中,导线测量、前方交会、后方交会等程序功能,操作简单、速度快、精度高;其他程序测量功能方便、实用、应用广泛。

（5）在同一个测站点,可以完成全部测量的基本内容,包括角度测量、距离测量、高差测量;实现数据的存储和传输。

（6）通过传输设备,可以将全站仪与计算机、绘图机相连,形成内外一体的测绘系统,从而大大提高地形图测绘的质量和效率。

第二节　全站仪的构造与使用

一、全站仪的基本组成

由上述所知,全站仪由电子测角、电子测距、电子补偿、微机处理装置四大部分组成,它本身就是一个带有特殊功能的计算机控制系统。其微机处理装置是由微处理器、存储器、输入和输出部分组成。由微处理器对获取的倾斜距离、水平角、竖直角、垂直轴倾斜误差、视准轴误差、垂直度盘指标差、棱镜常数、气温、气压等信息加以处理,从而可以获得各项改正后的观测数据和计算数据。在仪器的只读存储器中固化了测量程序,测量过程由程序完成。仪器的设计框架如图5-1所示。

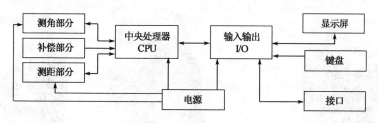

图5-1　仪器的设计框架

其中:

（1）电源部分由可充电电池为各部分供电;

（2）测角部分为电子经纬仪,可以测定水平角、竖直角、设置方位角;

（3）补偿部分可以实现仪器垂直轴倾斜误差对水平、垂直角度测量影响的自动补偿改正;测距部分为光电测距仪可以测定两点之间的距离;

（4）中央处理器接受输入指令、控制各种观测作业方式、进行数据处理等;

（5）输入、输出包括键盘、显示屏、双向数据通信接口。

从总体来看,全站仪的组成可分为如下两大部分:

（1）为采集数据而设置的专用设备。专用设备主要有电子测角系统、电子测距系统、数据存储系统、自动补偿设备等。

（2）测量过程的控制设备。控制设备主要用于有序地实现上述每一专用设备的功能,包括与测量数据相连接的外围设备及进行计算、产生指令的微处理机等。

只有上面两大部分有机结合才能真正地体现"全站"功能,既要自动完成数据采集,又要自动处理数据和控制整个测量过程。

二、全站仪的基本结构

1. 全站仪的结构形式

全站仪按其结构可分为组合式(积木式)与整体式两种。

(1)组合式全站仪

组合式结构的全站仪是由测距头、光学经纬仪及电子计算部分拼装组合而成。这种全站仪的出现较早,经不断的改进可将光学角度读数通过键盘输入到测距仪并对倾斜距离进行计算处理,最后得出平面距离、高差、方位角和坐标差,这些结果可自动地传输到外部存储器中。后来发展为将测距头、电子经纬仪及电子计算部分拼装组合在一起,如图5-2所示。其优点是能通过不同的构件进行多样组合,当个别构件损坏时,可以用其他构件代替,具有很强的灵活性。早期的全站仪都采用这种结构。当前由于使用的特殊性,机场工程测量中研发的净空检测仪还采取该种形式。

(2)整体式全站仪

整体式结构的全站仪是在一个机器外壳内含有电子测距、测角、补偿、记录、计算、存储等部分,如图5-3所示。将发射、接收、瞄准光学系统设计成同轴,共用一个望远镜,角度和距离测量只需一次瞄准,测量结果能自动显示并能与外围设备双向通讯。其优点是体积小,结构紧凑,操作方便、精度高。近期的全站仪都采用整体式结构。

图5-2 组合式全站仪

图5-3 整体式全站仪

如果仪器有水平方向和竖直方向同轴双速制动及微动手轮,瞄准操作只需单手进行,更适合移动目标的跟踪测量及空间点三维坐标测量,操作更方便,应用更为广泛。

2. 全站仪的特点

不同厂家和不同系列的全站仪,其外形和功能上都会略有区别,但一般皆具有以下的结构特点和功能。

(1)采用三同轴望远镜

目前的全站仪,其望远镜都实现了视准轴、测距光波的发射轴和接受轴同轴化,从而使望远镜一次瞄准即可实现同时测定水平角、垂直角、斜距等全部基本测量因素的功能,加之全站仪强大、便捷的数据处理功能,使全站仪的操作变得极其简便。

（2）具有双面式操作面板

为了便于正、倒镜作业,全站仪的两侧均有操作操作面板。操作面板由键盘和显示屏组成,且具有人机对话功能,除照准以外的各种测量功能和参数均可通过键盘输入来实现。

（3）可进行双轴自动补偿

全站仪纵轴倾斜,会引起角度观测的误差,而且盘左、盘右观测值取中不能使之抵消。而全站仪特有的双轴（或单轴）倾斜自动补偿系统,可对纵轴的倾斜进行监测,并在度盘读数中对因纵轴倾斜造成的测角误差自动加以改正（某些全站仪纵轴最大倾斜可允许至 $\pm 6'$）,即所谓纵轴倾斜自动补偿。

（4）机内设有丰富的测量应用软件

目前的全站仪,除了可以自动测角、测距外,通过其内置的测量应用程序,还可方便地进行三维坐标测量、导线测量、对边测量、悬高测量、偏心测量、后方交会、放样测量等工作。

（5）可进行双路通信

通过通信接口,既可将全站仪内存中存储的测量数据传输给电子手簿或计算机,也可将电子手簿或计算机中的数据和信息传输给全站仪,实现双向信息传输。

此外,目前工程中所使用的全站仪还都采用了同轴双速制、微动机构,使照准更加快捷、准确。较为先进的全站仪,还具有激光对中、自动进行气象改正以及地球曲率和大气折光改正等功能。

三、全站仪的精度及等级

1. 全站仪的精度

全站仪是光电测距、电子测角、电子补偿、微机数据处理为一体的综合型测量仪器,其主要精度指标是测距精度 m_D 和测角精度 m_β。例如,某型号全站仪的标称精度为:测角精度 $m_\beta = \pm 5''$;测距精度 $m_D = \pm (3 + 2 \times 10^{-6} D)$ mm。

在全站仪的精度等级设计中,对测距和测角精度的匹配采用"等影响"原则,即:

$$\frac{m''_\beta}{\rho''} = \frac{m_D}{D} \tag{5-1}$$

式中:$D = 1 \sim 2$ km;

$\rho'' = 206\ 265''$,则有表 5-1 所示的对应关系。

m''_β 与 m_D 的 关 系

表 5-1

m''_β	$m_D(D=1\text{km})(\text{mm})$	$m_D(D=2\text{km})(\text{mm})$
1	4.8	2.4
1.5	7.3	3.6
5	24.2	12.1
10	48.5	24.2

2. 全站仪的等级

国家计量检定规程《全站型电子速测仪》（JJG 100—2003）将全站仪准确度等级分划为四个等级,见表 5-2。

（1）Ⅰ、Ⅱ级仪器为精密型全站仪,主要用于高等级控制测量及变形观测等;

（2）Ⅲ、Ⅳ级仪器主要用于道路和建筑场地的施工测量、电子平板数据采集、地籍和房地产等测量等。

全站仪的准确度等级　表 5-2

准确度等级	测角标准差 m_β	测距标准差 m_D(mm)
Ⅰ	$\|m_\beta\| \leqslant 1''$	$\|m_D\| \leqslant 5$
Ⅱ	$1'' < \|m_\beta\| \leqslant 2''$	$\|m_D\| \leqslant 5$
Ⅲ	$2'' < \|m_\beta\| \leqslant 6''$	$5 \leqslant \|m_D\| \leqslant 10$
Ⅳ	$6'' < \|m_\beta\| \leqslant 10''$	$\|m_D\| \leqslant 10$

注:m_D 为每 km 测距标准差。

四、全站仪操作和使用

1. 仪器安置

仪器安置包括对中与整平,其方法与光学仪器相同。它有光学对中器,新型仪器还设有激光对中器,使用十分方便。仪器有双轴补偿器,整平后气泡略有偏离,对观测并无影响。

2. 开机和设置

开机后仪器进行自检,自检通过后,显示主菜单。测量工作中进行的一系列相关设置,全站仪除了厂家进行的固定设置外,主要包括以下内容:

（1）各种观测量单位与小数点位数的设置。设置内容包括距离单位、角度单位及气象参数单位等。

（2）指标差与视准差的存储。

（3）测距仪常数的设置。设置内容包括加常数、乘常数以及棱镜常数设置。

（4）标题信息、测站标题信息、观测信息。根据实际测量作业的需要,如导线测量、交点放线、中线测量、断面测量、地形测量等不同作业建立相应的电子记录文件,其主要包括建立标题信息、测站标题信息、观测信息等。

①标题信息内容包括测量信息、操作员、技术员、操作日期、仪器型号等。

②测站标题信息。仪器安置好后,应在气压或温度输入模式下设置当时的气压和温度。在输入测站点号后,可直接用数字键输入测站点的坐标,或者从存储卡中的数据文件直接调用。按相关键可对全站仪的水平角置零或输入一个已知值。

③观测信息内容包括附注、点号、反射镜高、水平角、竖直角、平距、高差等。

3. 角度、距离、坐标测量

在标准测量状态下,角度测量模式、斜距测量模式、平距测量模式、坐标测量模式之间可互相切换,全站仪精确照准目标后,通过不同测量模式之间的切换,可得到所需要的观测值。

全站仪均备有操作手册,要全面掌握它的功能和使用,使其先进性得到充分的发挥,应详细阅读操作手册。

五、全站仪操作注意事项

全站仪操作应注意理解全站仪的概念、了解工作原理、明确测量功能、熟悉操作步骤、合理设置仪器参数、正确选择测量模式、掌握应用技术,这样才能体现全站仪的特点及完整性和系统性,收到了较好的使用效果。

1. 了解测量原理

全站仪的测量原理包括电子经纬仪测角、电子测距仪测距、电子补偿器自动补偿改正、电子计算机自动数据处理等。

2. 明确测量功能

全站仪是一个由测距仪、电子经纬仪、电子补偿器、微处理机组合的整体。测量功能可分为基本测量功能和程序测量功能。只要开机,电子测角系统即开始工作,并实时显示观测数据;其他测量功能只是测距及数据处理。

(1)基本测量功能。其包括电子测距、电子测角(水平角、垂直角);显示的数据为观测数据。

(2)程序测量功能。其包括水平距离和高差的切换显示、三维坐标测量、对边测量、放样测量、偏心测量、后方交会测量、面积计算等;显示的数据为观测数据经处理后的计算数据。

3. 熟悉操作步骤

因为全站仪完全是按人们预置的作业程序及功能和参数设置进行工作的,所以必须按正确的操作步骤观测,才能得到正确的观测成果。

观测前的三项准备有:

(1)安装电池、对中整平(同光学经纬仪相同)、开机。

(2)零设置(0 SET)。水平方向转动仪器一周设置水平度盘零位、垂直方向转动仪器一周设置垂直度盘零位。

(3)选择仪器功能。开机为基本测量功能,根据测量内容选择仪器程序测量功能。

观测的三个步骤为:

(1)瞄准。准确瞄准目标棱镜中心。

(2)观测。按仪器功能的操作步骤观测(参照仪器说明书)。

(3)记录。记录或存储观测数据。

观测结束的三个过程为:检查记录、无误后方可关机、搬站。

4. 合理设置仪器参数

仪器的各项改正是按设置仪器参数,经微处理器对原始观测数据计算并改正后,显示观测数据和计算数据的。只有合理设置仪器参数,才能得到高精度的观测成果。

5. 正确选择测量模式

全站仪的测量模式很多,不同型号的仪器大同小异。由于受显示屏的限制,常用的测量模式可以设置在三个不同的页面上,一个页面只能显示四个测量模式。所有测量模式按相应的数学模型程序预置在仪器微处理器内,使用时必须按规定操作程序进行,否则会导致测量数据出现错误。

第三节　全站仪的程序测量功能

全站仪测量功能可分为基本测量功能和程序测量功能。基本测量功能是指电子测距、测角(水平角、竖直角),程序测量功能按测量模式存储在仪器内,不同型号的仪器大同小异。本节主要介绍全站仪三维坐标测量、放样测量、悬高测量、对边测量、偏心测量、后方交会测量、面积测量等功能测量过程。

一、三维坐标测量

全站仪可以快速测定地面点的三维坐标,其操作步骤如下:

1. 安置仪器

在测站上安置全站仪,对中、整平后,量取仪器高和目标高。

2. 设置参数

仪器参数设置是控制仪器测量状态、显示状态数据改正等功能的变量,在全站仪中可根据测量要求通过键盘进行改变,并且所选取的选择项可存储在存储器中一直保存到下次更改为止。不同厂家的仪器,参数设置方法有较大的差异,具体操作方法详见其使用说明书。对于一般的测量工作,可不进行仪器参数设置,使用厂家内部设置即可。

3. 进入模式

参照仪器说明书,进入全站仪坐标测量模式,操作界面显示三维坐标测量界面。

4. 测站设置

在三维坐标测量界面下,输入测站点、后视定向点的三维坐标以及仪器高(仪高)和目标高(镜高)。

5. 后视定向

转动全站仪,准确照准定向点目标后,将水平度盘读数设置为后视方位角。

6. 坐标测量

转动全站仪,准确照准待测点上的棱镜后,按测量键即可测得目标点的三维坐标。测量结果既可在屏幕上显示,也可保存到内存和电子手簿。

二、放样测量

全站仪三维坐标放样是建立在其三维坐标测量的基础上的,即首先将棱镜设置在待测设点的概略位置处进行三维坐标测量,然后根据仪器显示出的预先输入的放样值与实测值之差指导移动棱镜,并进行跟踪测量,从而放样出所要求的点位。

因此,全站仪三维坐标放样测量与其三维坐标测量的操作步骤类似,首先进行仪器安置、设置参数,然后进入三维坐标放样界面,进行测站设置、后视定向,最后进行测量放样。

需要注意的是,进行测站设置时,除输入测站点和后视点信息外,还要输入放样点的信息。

三、对边测量

用对边测量程序,可以测定两个目标点之间的斜距、平距、高差等。其基本步骤为:在一适当位置安置全站仪(可只整平而不需要对中),开机后进入对边测量界面,先输入第一个被测点的点号、棱镜高、瞄准目标进行测量;然后再输入要测的第二个点的点号、棱镜高,瞄准目标进行测量;待第二个点测量完成后,测量结果即自动记录并显示出来。

该程序可以测定任意两点间的距离、方位角和高差。测量模式既可以是相邻两点之间的折线方式,也可以是固定一个点的中心辐射方式。参加对边计算的点既可以是直接测量点,也可以是直接测量点,还可以是由数据文件导入或现场手工输入点。

四、悬高测量

悬高测量用于测量计算不可接触点的点位坐标和高程。通过测量基准点,然后照准悬高点,测量员可以方便地得到不可接触点(也称悬高点)的三维坐标,还可得到基准点和悬高点之间的高差。

五、偏心测量

将偏心点设置在待测点的左侧或右侧,并使其距离至测站点的距离与待测点至测站点的距离相当,对偏心点进行测量后,照准待测点,仪器可自动计算出待测点的坐标。

六、交会测量

通过对两个以上已知点进行观测,仪器可自动计算出测站点的坐标,并设置好方位角。显示结果中包含标准偏差,若对结果不满意,可选择重测或追加观测值。

七、面积测量

该程序用于测量计算闭合多边形的面积。可以用任意直线和弧线段来定义一个面积区域。弧线段由三个点或两点加一半径来确定。用于定义面积计算的点可以通过测量、数据文件导入或手工输入等方式来获得。程序通过图形显示可以查看面积区域的形状。

复习思考题

1. 全站仪是什么? 它由哪几部分组成? 一般具有哪些测量功能?

2. 电子全站仪的名称含义是什么? 主要由哪几部分组成?

3. 全站仪主要测量功能有哪些? 试述三维坐标测量的基本过程。

4. 同轴望远镜是什么?

5. 全站仪测量为什么要进行气压、温度等参数设置?

6. 全站仪与经纬仪、测距仪在功能上有哪些不同?

第六章 测量误差的基本知识

第一节 测量误差的概念

一、误差产生的原因

在实际的测量工作中发现,当对某个确定的量进行多次观测时,所得到的各个结果之间通常存在着一些差异,例如重复观测两点的高差,或者是多次观测一个角或丈量若干次一段距离,其结果都互有差异。另一种情况是,当对若干个量进行观测时,如果已经知道在这几个量之间应该满足某一理论值,实际观测结果往往不等于其理论上的应有值。例如,一个平面三角形的内角和等于180°,但三个实测内角的结果之和并不等于180°,而是有一差异。这种差异是测量工作中经常而又普遍发生的现象,这是由于观测值中包含有各种误差的缘故。

任何的测量都是利用特制的仪器、工具进行的,由于每一种仪器只具有一定限度的精密度,测量结果的精确度受到了一定的限制,且各个仪器本身也有一定的误差,其易使测量结果产生误差。测量是在一定的外界环境条件下进行的,客观环境包括温度、湿度、风力、大气折光等因素。客观环境的差异和变化也使测量结果产生误差。测量是由观测者完成的,人的感觉器官的鉴别能力有一定的限度,人们在仪器的安置、照准、读数等方面都会产生误差。此外,观测者的工作态度、操作技能也会对测量结果的质量(精度)产生影响。

观测值中存在观测误差有下列三个方面原因。

1. 观测者

由于观测者的感觉器官的鉴别能力的局限性,在仪器安置、照准、读数等工作中都会产生误差。同时,观测者的技术水平及工作态度也会对观测结果产生影响。

2. 测量仪器

测量工作所使用的测量仪器都具有一定的精密度,从而使观测结果的精度受到限制。另外,仪器本身构造上的缺陷,也会使观测结果产生误差。

3. 外界观测条件

外界观测条件是指野外观测过程中,外界条件的因素,如天气的变化、植被的不同、地面土质松紧的差异、地形的起伏、周围建筑物的状况,以及太阳光线的强弱、照射的角度大小等。

有风会使测量仪器不稳,地面松软可使测量仪器下沉,强烈阳光照射会使水准管变形,太阳的高度角、地形和地面植被决定了地面大气温度梯度,观测视线穿过不同温度梯度的大气介质或靠近反光物体,都会使视线弯曲,产生折光现象。因此,外界观测条件是保证野外测量质量的一个重要因素。

观测者、测量仪器和观测时的外界条件是引起观测误差的主要因素,通常称为观测条件。

观测条件相同的各次观测,称为等精度观测。观测条件不同的各次观测,称为非等精度观测。任何观测都不可避免地会产生误差。为了获得观测值的正确结果,就必须对误差进行分析研究,以便采取适当的措施来消除或削弱其影响。

二、误差的分类

1. 系统误差

系统误差是由仪器制造或校正不完善、观测员生理习性、测量时外界条件、仪器检定时不一致等原因引起的。在同一条件下获得的观测列中,其数据、符号或保持不变,或按一定的规律变化。在观测成果中具有累计性,对成果质量影响显著,应在观测中采取相应措施予以消除。

2. 偶然误差

偶然误差的产生取决于观测进行中的一系列不可能严格控制的因素(如湿度、温度、空气振动等)的随机扰动。在同一条件下获得的观测列中,其数值、符号不定,表面看没有规律性,实际上是服从一定的统计规律的。随机误差又可分为两种:一种是误差的数学期望不为零,称为"随机性系统误差";另一种是误差的数学期望为零,称为偶然误差。这两种随机误差经常同时发生,须根据最小二乘法原理加以处理。

三、偶然误差的特性

当观测值中剔除了粗差,排除了系统误差的影响,或者与偶然误差相比系统误差处于次要地位后,占主导地位的偶然误差就成为我们研究的主要对象。从单个偶然误差来看,其出现的符号和大小没有一定的规律性,但对大量的偶然误差进行统计分析,就能发现其规律性,误差个数愈多,规律性愈明显。

例如,在相同的观测条件下,对 358 个三角形的内角进行了观测。由于观测值含有偶然误差,每个三角形的内角和不等于 180°。设三角形内角和的真值为 X,观测值为 L,其观测值与真值之差为真误差 Δ,用下式表示为:

$$\Delta = L_i - X \qquad (i = 1, 2, \cdots, 358) \tag{6-1}$$

由式(6-1)计算得出 358 个三角形内角和的真误差,并取误差区间为 0.2″,根据误差的大小和正负号分别统计出它们在各误差区间内的个数 V 和频率 V/n,结果列于表 6-1。

偶然误差的区间分布　　　　　　　　　　　　　　　　　　　　　表 6-1

误差区间 $d\Delta('')$	正　误　差		负　误　差		合　计	
	个数 V	频率 V/n	个数 V	频率 V/n	个数 V	频率 V/n
0.0 ~ 0.2	45	0.126	46	0.128	91	0.254
0.2 ~ 0.4	40	0.112	41	0.115	81	0.226
0.4 ~ 0.6	33	0.092	33	0.092	66	0.184
0.6 ~ 0.8	23	0.064	21	0.059	44	0.123
0.8 ~ 1.0	17	0.047	16	0.045	33	0.092
1.0 ~ 1.2	13	0.036	13	0.036	26	0.073

续上表

误差区间 $d\Delta('')$	正 误 差		负 误 差		合 计	
	个数 V	频率 V/n	个数 V	频率 V/n	个数 V	频率 V/n
1.2 ~ 1.4	6	0.017	5	0.014	11	0.031
1.4 ~ 1.6	4	0.011	2	0.006	6	0.017
1.6 以上	0	0	0	0	0	0
总计	181	0.505	177	0.495	358	1.000

从表 6-1 中可看出,最大误差不超过 1.6″,小误差比大误差出现的频率高,绝对值相等的正、负误差出现的个数近于相等。通过大量试验统计结果证明了偶然误差具有如下特性:

(1)在一定的观测条件下,偶然误差的绝对值不会超过一定的限度;

(2)绝对值小的误差比绝对值大的误差出现的可能性大;

(3)绝对值相等的正误差与负误差出现的机会相等;

(4)当观测次数无限增多时,偶然误差的算术平均值趋近于零,即:

$$\lim_{n\to\infty}\frac{[\Delta]}{n} = 0 \tag{6-2}$$

第四个特性说明,偶然误差具有抵偿性,它是由第三个特性推导出的。

如果将表 6-1 中所列数据用图 6-1 表示,可以更直观地看出偶然误差的分布情况。图中横坐标表示误差的大小,纵坐标表示各区间误差出现的频率除以区间的间隔值。当误差个数足够多时,如果将误差的区间间隔无限缩小,则图 6-1 中各长方形顶边所形成的折线将变成一条光滑的曲线,其称为误差分布曲线。在概率论中,这种误差分布称为正态分布。

掌握了偶然误差的特性,就能根据带有偶然误差的观测值求出未知量的最可靠值,并衡量其精度。同时,也可应用误差理论来研究最合理的测量工作方案和观测方法。

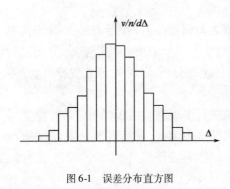

图 6-1 误差分布直方图

第二节 评定精度的标准

一、标准差与中误差

在等精度观测列中,各真误差平方的平均数的平方根,称为该组观测值的标准差,即:

$$\sigma = \pm\lim_{n\to\infty}\sqrt{\frac{[\Delta\Delta]}{n}} \tag{6-3}$$

测量生产中,观测次数 n 总是有限的,这时只能求出标准差的估值 $\hat{\sigma}$,通常称估值 $\hat{\sigma}$ 为中误差,用 m 表示,即:

$$\hat{\sigma} = m = \pm\sqrt{\frac{[\Delta\Delta]}{n}} \tag{6-4}$$

【例 6-1】　设有两组等精度观测列,其真误差分别为:

第一组　$-3''$、$+3''$、$-1''$、$-3''$、$+4''$、$+2''$、$-1''$、$-4''$;

第二组　$+1''$、$-5''$、$-1''$、$+6''$、$-4''$,$0''$、$+3''$、$-1''$。

试求这两组观测值的中误差。

【解】
$$m_1 = \pm\sqrt{\frac{9+9+1+9+16+4+1+16}{8}} = 2.9''$$

$$m_2 = \pm\sqrt{\frac{1+25+1+36+16+0+9+1}{8}} = 3.3''$$

比较 m_1 和 m_2 可知,第一组观测值的精度比第二组高。

必须指出,在相同的观测条件下所进行的一组观测,因为它们对应着同一种误差分布,所以,对于这一组中的每一个观测值,虽然各真误差彼此并不相等,有的甚至相差很大,但它们的精度均相同,即都为同精度观测值。

二、容许误差

由偶然误差的第一特性可知,在一定的观测条件下,偶然误差的绝对值不会超过一定的限值。这个限值就是容许误差或称极限误差。此限值有多大呢?根据误差理论和大量的实践证明,在一系列的同精度观测误差中,真误差绝对值大于中误差的概率约为 32%;大于 2 倍中误差的概率约为 5%;大于 3 倍中误差的概率约为 0.3%。也就是说,大于 3 倍中误差的真误差实际上是不可能出现的。因此,在测量工作中一般取 2 倍或 3 倍中误差作为观测值的容许误差,即:

$$\Delta_{容} = 2m \qquad 或 \qquad \Delta_{容} = 3m \tag{6-5}$$

当某观测值的误差超过了容许的 2 倍或 3 倍中误差时,将认为该观测值含有粗差,而应舍去不用或重测。

三、相对误差

对于某些观测结果,有时单靠中误差还不能完全反映观测精度的高低。例如,分别丈量了 100m 和 200m 两段距离,中误差均为 ± 0.02m。虽然两者的中误差相同,但就单位长度而言,两者精度并不相同,后者显然优于前者。为了客观反映实际精度,常采用相对误差。

观测值中误差 m 的绝对值与相应观测值 S 的比值称为相对中误差。它是一个无名数,常用分子为 1 的分数表示,即:

$$K = \frac{|m|}{S} = \frac{1}{\dfrac{S}{|m|}} \tag{6-6}$$

式中前者的相对中误差为 $\dfrac{1}{5\,000}$,后者为 $\dfrac{1}{10\,000}$,表明后者精度高于前者。

对于真误差或容许误差,有时也用相对误差来表示。例如,距离测量中的往返测较差与距离值之比就是所谓的相对真误差,即:

$$\frac{|D_往 - D_近|}{D_{平均}} = \frac{1}{\dfrac{D_{平均}}{\Delta D}} \tag{6-7}$$

与相对误差对应,真误差、中误差、容许误差都是绝对误差。

第三节 误差传播定律的应用

当对某量进行了一系列的观测后,观测值的精度可用中误差来衡量。但在实际工作中,通常会遇到某些量的大小并不是直接测定的,而是由观测值通过一定的函数关系间接计算出来的。例如,水准测量中,在一测站上测得后、前视读数分别为 a、b,则高差 $h = a - b$,这时高差 h 就是直接观测值 a、b 的函数。当 a、b 存在误差时,h 也受其影响而出现误差,这就是所谓的误差传播。阐述观测值中误差与观测值函数中误差之间关系的定律称为误差传播定律。

一、倍数函数

设有函数:

$$Z = kx \tag{6-8}$$

式中:k——常数;

x——直接观测值。其中,误差为 m_x,现在求观测值函数 Z 的中误差 m_Z。

设 x 和 Z 的真误差分别为 Δ_x 和 Δ_Z,由式(6-7)知它们之间的关系为:

$$\Delta_Z = k\Delta_x$$

若对 x 共观测了 n 次,则:

$$\Delta_{Z_i} = k\Delta_{x_i} \qquad (i = 1, 2, \cdots, n)$$

将上式两端平方后相加,并除以 n,得:

$$\frac{\left[\Delta_Z^2\right]}{n} = k^2 \frac{\left[\Delta_x^2\right]}{n} \tag{6-9}$$

由中误差定义可知:

$$m_Z^2 = \frac{\left[\Delta_Z^2\right]}{n}$$

$$m_x^2 = \frac{\left[\Delta_x^2\right]}{n}$$

所以式(6-8)可写成:

$$m_Z^2 = k^2 m_x^2$$

或:

$$m_Z = km_x \tag{6-10}$$

即观测值倍数函数的中误差,等于观测值中误差乘倍数(常数)。根据式(6-10),采用水平视距公式 $D = k \cdot l$ 求平距,已知观测视距间隔的中误差 $m_l = \pm 1\text{cm}$,$k = 100$,则平距的中误差 $m_D = 100 \cdot m_l = \pm 1\text{m}$。

二、和差函数

设有函数:

$$Z = x \pm y \tag{6-11}$$

式中:x、y——独立观测值。

x、y 的中误差分别为 m_x 和 m_y,设真误差分别为 Δ_x 和 Δ_y,由式(6-11)可得:

$$\Delta_Z = \Delta_x \pm \Delta_y$$

若对 x、y 均观测了 n 次,则:

$$\Delta_{Z_i} = \Delta_{x_i} \pm \Delta_{y_i} \qquad (i = 1,2,\cdots,n)$$

将上式两端平方后相加,并除以 n 得:

$$\frac{[\Delta_Z^2]}{n} = \frac{[\Delta_x^2]}{n} + \frac{[\Delta_y^2]}{n} \pm 2\frac{[\Delta_x\Delta_y]}{n}$$

式中:$[\Delta_x\Delta_y]$——偶然误差。

根据偶然误差的特性,当 n 愈大时,式中最后一项将趋近于零,于是上式可写为:

$$\frac{[\Delta_Z^2]}{n} = \frac{[\Delta_x^2]}{n} + \frac{[\Delta_y^2]}{n} \tag{6-12}$$

根据中误差定义,可得:

$$m_Z^2 = m_x^2 + m_y^2 \tag{6-13}$$

即观测值和差函数的中误差平方,等于两观测值中误差的平方之和。根据式(6-13),在 ΔABC 中,$\angle C = 180° - \angle A - \angle B$,$\angle A$ 和 $\angle B$ 的观测中误差分别为 $3''$ 和 $4''$,则 $\angle C$ 的中误差 $m_C = \pm\sqrt{m_A^2 + m_B^2} = \pm 5''$。

二、线性函数

设有线性函数:

$$Z = k_1 x_1 \pm k_2 x_2 \pm \cdots \pm k_n x_n \tag{6-14}$$

式中:x_1、x_2、$\cdots$、x_n——独立观测值;

k_1、k_2、$\cdots$、k_n——常数。

因此,综合式(6-10)和式(6-13)可得:

$$m_Z^2 = (k_1 m_1)^2 + (k_2 m_2)^2 + \cdots + (k_n m_n)^2 \tag{6-15}$$

【例6-2】　有一函数 $Z = 2x_1 + x_2 + 3x_3$,其中 x_1、x_2、x_3 的中误差分别为 $\pm 3mm$、$\pm 2mm$、$\pm 1mm$,则 $m_Z = \pm\sqrt{6^2 + 2^2 + 3^2} = \pm 7.0''$。

四、一般函数

设有一般函数:

$$Z = f(x_1, x_2, \cdots, x_n) \tag{6-16}$$

式中:x_1、x_2、$\cdots$、x_n——独立观测值,已知其中误差为 $m_i(i = 1,2,\cdots,n)$。

当 x_i 具有真误差 Δ_i 时,函数 Z 则产生相应的真误差 Δ_z,因为真误差 Δ 是一微小量,故将式(6-16)取全微分,将其化为线性函数,并以真误差符号"Δ"代替微分符号"d",得:

$$\Delta_z = \frac{\partial f}{\partial x_1}\Delta_{x_1} = \frac{\partial f}{\partial x_2}\Delta_{x_2} + \cdots + \frac{\partial f}{\partial x_n}\Delta_{x_n}$$

式中:$\dfrac{\partial f}{\partial x_i}$——函数对 x_i 取的偏导数并用观测值代入算出的数值,它们是常数。

因此,上式变成线性函数,由式(6-14)得:

$$m_Z^2 = \left(\frac{\partial f}{\partial x_1}\right)^2 m_1^2 + \left(\frac{\partial f}{\partial x_2}\right)^2 m_2^2 + \cdots + \left(\frac{\partial f}{\partial x_n}\right)^2 m_n^2 \qquad (6\text{-}17)$$

上式是误差传播定律的一般形式。式(6-10)、式(6-13)、式(6-15)都可看作是上式的特例。

【**例 6-3**】 某一斜距 $S = 106.28\text{m}$，斜距的竖角 $\delta = 8°30'$，中误差 $m_s = \pm 5\text{cm}$、$m_\delta = \pm 20''$，求改算后的平距的中误差 m_D。

【**解**】
$$D = S \cdot \cos\delta$$

全微分化成线性函数，用"Δ"代替"d"，得：

$$\Delta_D = \cos\delta \cdot \Delta_s - S\sin\delta\Delta_\delta$$

应用式(6-17)，得：

$$m_D^2 = \cos^2\delta m_s^2 + (S \cdot \sin\delta)^2 \left(\frac{m_\delta}{\rho''}\right)^2$$

$$= (0.989)^2 (\pm 5)^2 + (1\,570.918)^2 \left(\frac{20}{206\,265}\right)^2$$

$$= 24.45 + 0.02 = 24.47(\text{cm}^2)$$

因此，$m_D = 4.9\text{cm}$

在上式计算中，单位统一为厘米(cm)，(m_δ / ρ'') 是将角值的单位由秒(s)化为弧度(rad)。

第四节 算术平均值及其中误差

设在相同的观测条件下对某量进行了 n 次等精度观测，观测值为 L_1、L_2、$\cdots$、L_n，其真值为 X，真误差为 Δ_1、Δ_2、$\cdots$、Δ_n。由式(6-1)可写出观测值的真误差公式为：

$$\Delta_i = L_i - X \qquad (i = 1,2,\cdots,n)$$

将上式相加后，得：

$$[\Delta] = [L] - nX$$

故：

$$X = \frac{[L]}{n} - \frac{[\Delta]}{n}$$

若以 x 表示上式中右边第一项的观测值的算术平均值，即：

$$x = \frac{[L]}{n} \qquad (6\text{-}18)$$

则：

$$X = x - \frac{[\Delta]}{n}$$

上式右边第二项是真误差的算术平均值。由偶然误差的第四特性可知，当观测次数 n 无限增多时 $[\Delta]/n \to 0$，则 $x \to X$，即算术平均值就是观测量的真值。

在实际测量中，观测次数总是有限的。根据有限个观测值求出的算术平均值 x 与其真值 X 仅差一微小量 $[\Delta]/n$。故算术平均值是观测量的最可靠值，通常也称最或是值。

因观测值的真值 X 一般无法知道，故真误差 Δ 也无法求得。所以不能直接应用式(6-4)

求解观测值的中误差,而是利用观测值的最或是值 x 与各观测值之差 V 来计算中误差,V 称为改正数,即:

$$V = x - L \tag{6-19}$$

实际工作中利用改正数计算观测值中误差的实用公式称为白塞尔公式,即:

$$m = \pm \sqrt{\frac{[VV]}{n-1}} \tag{6-20}$$

利用 $[V] = 0$,$[VV] = [LV]$ 检核式(6-20),可作计算正确性的检核。

在求出观测值的中误差 m 后,就可应用误差传播定律求观测值算术平均值的中误差 M,推导如下:

$$x = \frac{[L]}{n} = \frac{L_1}{n} + \frac{L_2}{n} + \cdots + \frac{L_n}{n}$$

应用误差传播定律有:

$$M_x^2 = \left(\frac{1}{n^2}\right)^2 m^2 + \left(\frac{1}{n}\right)^2 m^2 + \cdots + \left(\frac{1}{n}\right)^2 m^2 = \frac{1}{n}m^2$$

故:

$$M_x = \pm \frac{m}{\sqrt{n}} \tag{6-21}$$

由式(6-21)可知,增加观测次数能削弱偶然误差对算术平均值的影响,提高其精度。但因观测次数与算术平均值中误差并不是线性比例关系,所以,当观测次数达到一定数目后,即使再增加观测次数,精度提高得很少。因此,除适当增加观测次数外,还应选用适当的观测仪器和观测方法,选择良好的外界环境,才能有效地提高精度。

【例6-4】　对某段距离进行了5次等精度观测,观测结果列于表6-2,试求该段距离的最或是值、观测值中误差及最或是值中误差。

【解】　计算过程见表6-2。

等精度观测计算　　　　　　　　　　　　　　　　　　　　　　表6-2

序　号	$L(\text{m})$	$V(\text{cm})$	$VV(\text{cm})$	精度评定
1	251.52	−3	9	
2	251.46	+3	9	$m = \pm\sqrt{\dfrac{20}{4}} = 2.2(\text{mm})$
3	251.49	0	0	
4	251.48	−1	1	$M = \pm\sqrt{\dfrac{m}{n}} = \sqrt{\dfrac{[VV]}{n(n-1)}} = \sqrt{\dfrac{20}{5\times4}}$
5	251.50	+1	1	
6	$x = \dfrac{[L]}{n} = 251.49$	$[V] = 0$	$[VV] = 20$	$= 1(\text{cm})$

最后结果可写成 $x = 251.49 \pm 0.01(\text{m})$。

复习思考题

1. 测量误差的主要来源有哪些?偶然误差具有哪些特性?

2. 中误差是什么?容许误差是什么?相对误差是什么?

3. 等精度观测是什么？非等精度观测是什么？

4. 误差传播定律是什么？

5. 某圆形建筑物直径 $D = 34.50\text{m}$，$m_D = \pm0.01\text{m}$，求建筑物周长及中误差。

6. 对某一距离进行了 6 次等精度观测，其结果为：398. 772m，398. 784m，398. 776m，398. 781m，398. 802m，398. 779m。试求其算术平均值、一次丈量中误差、算术平均值中误差和相对中误差。

7. 测得一正方形的边长 $a = 65.37\text{m} \pm 0.03\text{m}$。试求正方形的面积及其中误差。

第七章 控制测量

为了保证测量工作的精度和进度,必须遵循"从整体到局部,先控制后碎部"的基本原则。因此,控制测量是首先需要进行的工作。控制测量的作用是限制测量误差的传播和积累,保证必要的测量精度,使分区的测图能拼接成整体,整体设计的工程建筑物能分区施工放样。

第一节 控制测量概述

控制测量的实质是点位测量,即测量控制点的平面位置或高程。因此,它分为平面控制测量和高程控制测量。

测定控制点平面位置(x、y)的工作称为平面控制测量,主要测量方法有 GPS 测量、三角测量、三边测量、边角测量、导线测量等。在机场工程中,常用的是导线测量、GPS 测量等。

测定控制点高程(H)的工作称为高程控制测量,主要测量方法有水准测量和三角高程测量。对于机场工程的高程控制测量,可根据具体情况采用三、四等水准测量或三角高程测量。

一、测量控制网

1. 国家控制网

由一系列控制点形成控制网,在全国范围内布设的平面控制网,称为国家平面控制网。它是全国各种比例尺测图的基本控制,并为确定地球的形状和大小提供研究资料。国家平面控制网采用"逐级控制,分级布设"的原则,分一、二、三、四等,主要由三角测量法布设,在西部困难地区采用导线测量法。一等三角锁沿经线和纬线布设成纵横交叉的三角锁系,锁长 200 ~ 250km,构成许多锁环。一等三角锁由近似等边的三角形组成,边长为 20 ~ 30km。二等三角测量如图 7-1 所以,有两种布网形式:一种是由纵横交叉的两条二等基本锁将一等锁环划分成 4 个大致相等的部分,这 4 个空白部分用二等补充网填充,称为纵横锁系布网方案;另一种是在一等锁环内布设全面二等三角网,称为全面布网方案。二等基本锁的边长为 20 ~ 25km,二等网的平均边长为 13km。一等锁的两端和二等网的中间,都要测定起算边长、天文经纬度和方位角。所以,国家一、二等网合称为天文大地网。我国天文大地网于 1951 年开始布设,1961 年基本完成,1975 年修补测工作全部结束,全网约有 5 万个大地点。

国家高程控制网是用精密水准测量方法建立的,所以又称国家水准网。国家水准网的布设也是采用"从整体到局部,由高级到低级,分级布设逐级控制"的原则。国家水准网分为一、二、三、四等,其中一、二等水准测量称为精密水准测量。一等水准是国家高程控制的骨干,沿地质构造稳定和坡度平缓的交通线布满全国,构成网状。二等水准布设在一等水准环线内,是国家高程控制网的全面基础,一般沿公路、铁路、河流布设。三、四等级水准网直接为地形测图或工程建设提供高程控制点。三等水准一般布置成附合在高级点间的附合水准路线,四等水准均为附合在高级点间的附合水准路线。图 7-2 所示为是国家一、二等水准路线布置示意图。

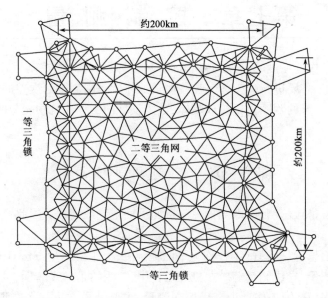

图 7-1　国家一、二等三角网

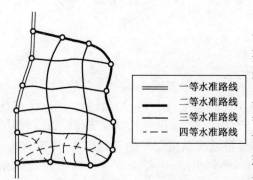

图 7-2　国家水准路线布置示意图

国家等级控制网一般每隔一定时间需要更新一次,因为精度要求高,边长长,对常规测角方法要求比较苛刻,特别是三角网一般要求与多点通视,所以会耗费大量人力物力。GPS 的出现为建立国家等级控制网提供了技术手段。20 世纪 80 年代末,GPS 开始在我国用于建立平面控制网,目前已成为建立平面控制网的主要方法。根据《全球定位系统测量规范》(GB/T 18314—2009)要求,GPS 相对定位的精度,划分为 A、B、C、D、E 五级,如表 7-1 所示。我国国家 A 级和 B 级 GPS 大地控制网分别由 30 个点和 800 个点构成,它们均匀地分布在中国内地,平均边长相应为 650km 和 150km,其精度都超过相应等级的三角网。

GPS 相对定位的精度指标　　　　表 7-1

测 量 分 级	常量误差 a_0(mm)	比例误差系数 b_0(mm/km)	相邻点距离(km)
A	≤5	≤0.1	100 ~ 2 000
B	≤8	≤1	15 ~ 250
C	≤10	≤5	5 ~ 40
D	≤10	≤10	2 ~ 15
E	≤10	≤20	1 ~ 10

2. 城市控制网

在城市地区为满足大比例尺测图和城市建设施工的需要,布设城市控制网。城市平面控制网在国家控制网的控制下布设,按城市范围大小布设不同等级的平面控制网。它分为二、三、四等三角网,一、二级及图根小三角网(或小三边网),或一、二、三级及图根导线网。城市三角测量和导线测量的主要技术要求见表7-2和表7-3。城市高程控制网是用水准测量方法建立的,称为城市水准测量。按其精度要求,分为二、三、四、五等水准和图根水准。首级控制网应布设成环形路线,加密时宜布设成附合路线或结点网。在丘陵或山区,高程控制量测边可采用三角高程测量。光电测距三角高程测量现已用于(代替)四、五等水准测量。

城市三角测量的主要技术要求　　　　　　　　　　表7-2

等 级	平均边长 (km)	测角中误差 (″)	起始边相对 中误差	最弱边边长 相对中误差	测 回 数			三角形最大 闭合差(″)
					DJ$_1$	DJ$_2$	DJ$_6$	
二等	9	±1	1/300 000	1/120 000	12			±3.5
三等	5	±1.8	首级 1/200 000	1/80 000	6	9		±7
四等	2	±2.5	首级 1/200 000	1/45 000	4	6		±9
一级小三角	1	±5	1/40 000	1/20 000		2	6	±15
二级小三角	0.5	±10	1/20 000	1/10 000		1	2	±30
图根	最大视距的1.7倍	±20	1/10 000					±60

注:1. 当最大测图比例尺为1:1 000时,一、二级小三角边长可适当放长,但最大长度不大于表中规定的两倍;

　　2. 图根小三角方位角闭合差为±40″$\sqrt{n}$,其中n为测站数。

城市导线测量的主要技术要求　　　　　　　　　　表7-3

等 级	导线长度 (km)	平均边长 (km)	测角中误差 (″)	测距中误差 (mm)	测 回 数			方位角闭合差 (″)	导线全长 相对闭合差
					DJ$_1$	DJ$_2$	DJ$_6$		
三等	15	3	±1.5	±1.8	8	12		±3$\sqrt{n}$	1/60 000
四等	10	1.6	±2.5	±18	4	6		±5$\sqrt{n}$	1/40 000
一级	3.6	0.3	±5	±15		2	4	±10$\sqrt{n}$	1/14 000
二级	2.4	0.2	±8	±15		1	3	±16$\sqrt{n}$	1/10 000
三级	1.5	0.12	±12	±15		1	2	±24$\sqrt{n}$	1/6 000
图根	≤10M		±30					±60$\sqrt{n}$	1/2 000

注:1. n为测站数,M为测图比例尺分母;

　　2. 图根首级控制测角中误差为±20″,方位角闭合差为±40″$\sqrt{n}$。

与国家等级网类似,城市控制网可布设成三角网、精密导线网、GPS网等,只是相应等级的边长较短。

直接用于地形测图使用的控制点称为图根控制点,简称图根点。测定图根点的位置的工作,称为图根控制测量。图根控制点的密度,取决于测图比例尺和地形的复杂程度。表7-4列出了控制点的密度要求。

图根点密度要求   表7-4

测图比例尺	1:500	1:1 000	1:2 000	1:5 000
图根点密度(点/km²)	120	40	15	4

3. 小地区控制网

在小于 $10km^2$ 的范围内建立的控制网,称为小地区控制网。在这个范围内,水准面可视为水平面,不需要将测量成果归算到高斯平面上,而是采用直角坐标,直接在平面上计算坐标。在建立小区域平面控制网时,应尽量与已建立的国家或城市控制网联测,将国家或城市高级控制点的坐标作为小区域控制网的起算和校核数据。如果测区内或测区周围无高级控制点,或者是不便于联测时,也可建立独立平面控制网。此时控制网的起点坐标可自行假定,坐标方位角也可用测区中央的磁方位角代替。

在全测区范围内建立的控制网称为首级控制网,直接为测图而建立的控制网称为图根控制网,其关系如表7-5所示。

首级控制网与图根控制网   表7-5

测区面积(km²)	首 级 控 制	图 根 控 制
1 ~ 10	一级小三角或一级导线	两级图根
0.5 ~ 2	二级小三角或二级导线	两级图根
0.5 以下	图根控制	

4. 机场控制网

机场平面控制网的设计,应结合已收集的测量资料和机场总体布局方案,在现场踏勘和周密调查研究的基础上进行,并应在设计中对控制网进行优化。

机场平面控制网宜采用独立布网,并与国家控制点联测,统一于国家坐标系。平面控制测量包括飞行区、工作区、航站区及线路等范围,宜整体布设和平差计算,如分区、分级布设应联系于主控制网上。平面控制网的布设,应考虑详勘阶段的需要,符合"因地制宜,技术先进,经济合理,确保质量"的原则。

机场控制网与国家或地区控制网进行联测,且其等级高于国家或地区控制网时,应保持其本身的精度。控制网的计算应运用两个坐标系统,即国家或地区大地坐标系和机场独立直角坐标系,并提供两个坐标系之间的换算公式。宜将跑道中线设置为机场独立直角坐标系的水平轴,跑道中线的中点设置为使机场总体区域坐标为非负数的机场独立直角坐标系的非零原点。

机场平面控制网的建立,可采用卫星定位测量、导线测量、三角测量或三边测量等方法。考虑拟建机场地区已经避开了城镇、大型厂矿及人口密集区,且测图面积在 $30km^2$ 以内,因此其控制网精度满足1:1 000比例尺地形图精度即可。基于此,结合工程测量规范要求,对各种技术方法中的部分要求进行了修正,具体要求如下所述。

采用 GPS 技术建立全区总体控制网或基准点的联系测量时,可按照卫星定位测量二等、三等技术要求进行;用于区域控制时,可按照四等、一级、二级要求执行,具体指标如表 7-6 所示。

GPS 测量控制网的主要技术指标 表 7-6

等级	相邻点之间的平均距离（km）	固定误差 a（mm）	比例误差 b（ppm）	施测时段数（个）	有效观测卫星总数（个）	最弱相邻点点位中误差（mm）	最弱边边长相对中误差
二等	8.0	5	2	≥4	≥6	5	≤1/120 000
三等	4.0	10	5	≥2	≥6	10	≤1/70 000
四等	2.0	10	10	≥1	≥6	10	≤1/40 000
一级	1.5	10	20	≥1	≥4	20	≤1/20 000
二级	0.8	10	20	≥1	≥4	20	≤1/10 000

注:1. 各级 GPS 网相邻点最小距离可为平均距离的 1/3~1/2,最大距离可为平均距离的 2~3 倍;
　　2. 最弱边边长相对中误差为约束平差后的最弱边边长相对中的误差,和其他各等级控制网的指标相同。

当采用导线测量建立控制网时,技术要求依次为三、四等和一、二、三级导线,具体指标见表 7-7。

导线测量主要的技术要求 表 7-7

等级	导线长度（km）	平均边长（km）	测角中误差（"）	测距相对中误差（mm）	测回数			方位角闭合差（"）	相对闭合差
					1"级仪器	2"级仪器	6"级仪器		
三等	14.0	3.0	1.8	1/150 000	6	10		±3.6$\sqrt{n}$	≤1/55 000
四等	9.0	1.5	2.5	1/80 000	4	6		±5$\sqrt{n}$	≤1/35 000
一级	6.0	0.5	5.0	1/30 000		2	4	±10$\sqrt{n}$	≤1/15 000
二级	4.0	0.25	8.0	1/14 000		1	3	±16$\sqrt{n}$	≤1/10 000
三级	2.0	0.1	12.0	1/7 000		1	2	±24$\sqrt{n}$	≤1/5 000

注:1. n 为测站数;
　　2. 当测区测图的最大比例尺为 1:1 000,一、二、三级导线的导线长度、平均边长可适当放长,但最大不应大于表中规定相应长度的两倍。

当采用三角测量或三边测量时,依次为二、三、四等和一、二级小三角,主控制网点应埋设永久性标石。平面控制测量主要技术要求如表 7-8 和表 7-9 所示。

三角测量的主要技术要求 表 7-8

等级	平均边长（km）	测角中误差（″）	起始边边长相对中误差	最弱边边长相对中误差	测回数			三角形最大闭合差（″）
					1"级仪器	2"级仪器	6"级仪器	
二等	3.0	±1.0	≤1:250 000	≤1:120 000	12			±3.5
三等	2.0	±1.8	≤1:150 000	≤1:70 000	6	9		±7.0
四等	1.0	±2.5	≤1:100 000	≤1:40 000	4	6		±9.0
一级	0.5	±5.0	≤1:40 000	≤1:20 000		2	4	±15.0
二级	0.3	±10.0	≤1:20 000	≤1:10 000		1	2	±30.0

三边测量的主要技术要求　　　　　　　　　　　　　表 7-9

等　　级	平均边长（km）	测距相对中误差
二等	9.0	≤1:250 000
三等	4.5	≤1:150 000
四等	2.0	≤1:100 000
一级	1.0	≤1:40 000
二级	0.5	≤1:20 000

二、控制测量的过程

无论是高等级的国家控制网，还是精度较低的小区域控制网，实测过程基本相同，大致可分为以下步骤。

1. 控制网的设计

根据施测目的，确定布网形式，先在图上估点并计算。

2. 编写工作纲要

根据选点估算情况，编写工作纲要。工作纲要主要包括：测区概况、施测要求、工作依据、布网方案、具体施测方法、仪器设备、预计精度、人员安排以及工期等。

3. 踏勘选点

根据图上估点情况，到实地进行路勘，并根据实际情况对选点方案进行调整。选点要做好标志。控制点等级不同，点的要求也不同，按相应规范执行。

4. 外业

根据工作纲要的施测方法、按相应规范规定的程序施测，且必须满足规定的限差。

5. 数据处理

外业观测过程中必须对限差进行检查，超限及时重测。如果满足精度要求，就可进行内业工作。数据处理包括三角形闭合差的检验、边角条件的检验、平差处理等。对于 GPS 网，主要包括同步环、异步环的检验，三维自由网平差、约束平差，以及坐标转换等。

第二节　导　线　测　量

一、导线的布设形式

导线是由若干条直线连成的折线，每条直线称为导线边，相邻两直线之间的水平角称为转折角。测定转折角和导线边长之后，即可根据已知坐标方位角和已知坐标计算出各导线点的坐标。按照测区的条件和需要，导线可以布置成如下几种形式：

1. 附合导线

导线起始于一个已知控制点，而终止于另一个已知控制点，如图 7-3 所示。控制点上可以有一条边或几条边是已知坐标方位角的边，也可以没有已知坐标方位角的边。

2.闭合导线

由一个已知控制点出发,最后仍旧回到这一点,形成一个闭合多边形,如图7-4所示。在闭合导线的已知控制点上必须有一条边的坐标方位角是已知的。

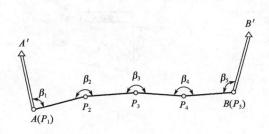

图7-3 附合导线

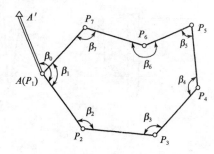

图7-4 闭合导线

3.支导线

从一个已知控制点出发,既不符合到另一个控制点,也不回到原来的始点,如图7-5所示。因支导线没有检核条件,故一般只限于地形测量的图根导线中采用。

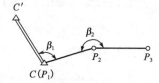

图7-5 支导线

二、导线测量的外业观测

导线测量的外业包括踏勘、选点、埋设标志、造标、测角、测边和测定方向。

1.踏勘、选点及埋设标志

踏勘的目的是了解测区范围,地形及控制点情况,以便确定导线的形式和布置方案;选点应考虑便于导线测量、地形测量和施工放样。选点的原则为:

(1)相邻导线点间必须通视良好。

(2)等级导线点应便于加密图根点,导线点应选在地势高、视野开阔便于碎步测量的地方。

(3)导线边长大致相同。

(4)密度适宜、点位均匀、土质坚硬、易于保存和寻找。

选好点后应直接在地上打入木桩。桩顶钉一小铁钉或划"＋"作为点的标志。必要时在木桩周围灌上混凝土,如图7-6a)所示。如导线点需要长期保存,则应埋设混凝土桩或标石如图7-6b)所示。埋桩后应统一进行编号。为了今后便于查找,应量出导线点至附近明显地物的距离。绘出草图,注明尺寸,称为点之记如图7-6c)所示。

2.测角

可测左角,也可测右角,闭合导线测内角,测量精度需符合规范规定的技术指标。

3.测边

传统导线边长可采用钢尺、测距仪(气象、倾斜改正)、视距法等方法。随着测绘技术的发展,目前全站仪已成为距离测量的主要手段。

4.测定方向

测区内有国家高级控制点时,可与控制点连测推求方位,包括测定连测角和连测边;当联测有困难时,也可采用罗盘仪测磁方位或陀螺经纬仪测定方向。

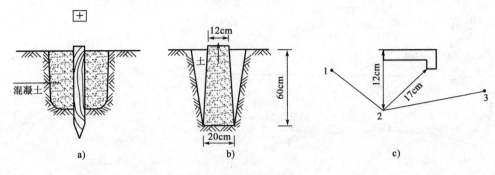

a) b) c)

图7-6 导线点标志和点之记

三、导线测量的内业计算

1. 坐标的正算和反算

如图 7-7 所示,已知一点 A 的坐标 x_A、y_A、边长 D_{AB} 和坐标方位角 α_{AB},求 B 点的坐标 x_B、y_B。这称为**坐标正算**问题。由图 7-7 可知:

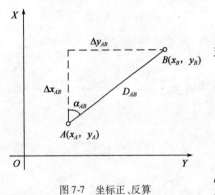

$$\begin{cases} x_B = x_A + \Delta x_{AB} \\ y_B = y_A + \Delta y_{AB} \end{cases} \tag{7-1}$$

式中:Δx_{AB}——纵坐标增量;

Δy_{AB}——横坐标增量。

Δx_{AB},Δy_{AB} 边长在坐标轴上的投影,即:

$$\begin{cases} \Delta x_{AB} = D_{AB} \cdot \cos\alpha_{AB} \\ \Delta y_{AB} = D_{AB} \cdot \sin\alpha_{AB} \end{cases} \tag{7-2}$$

Δx_{AB}、Δy_{AB} 的正负取决于 $\cos\alpha$、$\sin\alpha$ 的符号,要根据 α 的大小、所在象限来判别,如图 7-8 所示。式(7-1)又可写成:

图7-7 坐标正、反算

$$\begin{cases} x_B = x_A + D_{AB} \cdot \cos\alpha_{AB} \\ y_B = y_A + D_{AB} \cdot \sin\alpha_{AB} \end{cases} \tag{7-3}$$

如图 7-7 所示,设已知 A、B 两点的坐标,求边长 D_{AB} 和坐标方位角 α_{AB},这称为坐标反算,则可得:

$$\alpha_{AB} = \tan^{-1}\frac{\Delta y_{AB}}{\Delta x_{AB}} \tag{7-4}$$

$$D_{AB} = \sqrt{\Delta x_{AB}^2 + \Delta y_{AB}^2} \tag{7-5}$$

式中:$\Delta x_{AB} = x_B - x_A$;

$\Delta y_{AB} = y_B - y_A$。

由式(7-4)求得的 α 可在四个象限之内,它由 Δy 和 Δx 的正负符号确定,即:

在第一象限时:

$$\alpha = \tan^{-1} \frac{\Delta y_{AB}}{\Delta x_{AB}}$$

在第二象限时：

$$\alpha = 180° + \tan^{-1} \frac{\Delta y_{AB}}{\Delta x_{AB}}$$

在第三象限时：

$$\alpha = 180° + \tan^{-1} \frac{\Delta y_{AB}}{\Delta x_{AB}}$$

在第四象限时：

$$\alpha = 360° + \tan^{-1} \frac{\Delta y_{AB}}{\Delta x_{AB}}$$

实际上，由图 7-8 可知，$\alpha = \tan^{-1} \left| \frac{\Delta y_{AB}}{\Delta x_{AB}} \right| = R$（象限

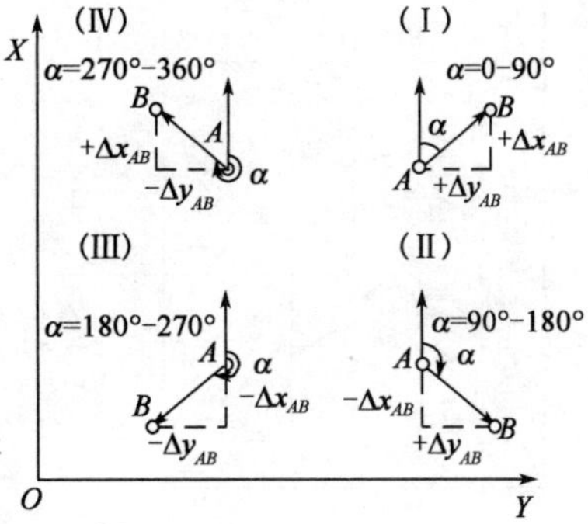

图 7-8　坐标增量的正负

角），根据 R 所在的象限，将象限角换算为方位角，也可得到同样结果。

【**例 7-1**】　已知 $x_A = 1\,874.43\text{m}$，$y_A = 43\,579.64$，$x_B = 1\,666.52\text{m}$，$y_B = 43\,667.85\text{m}$，求 α_{AB}。

【**解**】　由已知坐标得：

$$\Delta y_{AB} = 43\,667.85 - 43\,579.64 = 88.21(\text{m})$$

$$\Delta x_{AB} = 1\,666.52 - 1\,874.43 = -207.91(\text{m})$$

由 Δy_{AB} 和 Δx_{AB} 知 α 在第三象限，则：

$$\alpha_{AB} = 180° + \tan^{-1} \frac{88.21°}{-207.91°} = 180° - 22°59'24'' = 157°00'36''$$

2. 闭合导线的坐标计算

导线计算的目的是推算各导线点的坐标 x_i、y_i。下面结合实例介绍闭合导线的计算方法。计算前必须按技术要求对观测成果进行检查和核算，然后将观测的内角，边长填入表 7-10 中的 2、6 栏，起始边方位角和起点坐标值填入 5、11、12 栏顶上格（带有下划线的值）。对于四等以下导线，角值取至秒（s），边长和坐标取至毫米（mm），图根导线、边长和坐标取至厘米（cm），并绘出导线草图。

（1）角度闭合差的计算与调整

n 边形内角和的理论值为 $\sum\beta_{理} = (n-2) \times 180°$。由于测角误差，实测内角和 $\sum\beta_{测}$ 与理论值不符，其差称为角度闭合差，以 f_β 表示，即：

$$f_\beta = \sum\beta_{测} - (n-2) \times 180° \tag{7-6}$$

f_β 应小于规范规定的容许值 $f_{\beta容}$。当 $f_\beta \leqslant f_{\beta容}$ 时，可进行闭合差调整，将 f_β 以相反的符号平均分配到各观测角去。其角度改正数为：

$$v_\beta = \frac{f_\beta}{n} \tag{7-7}$$

表7-10

闭合导线坐标计算汇总

内容 点号	观测角 (° ′ ″)	改正数 (″)	改正后的角值 (° ′ ″)	坐标方位角 (° ′ ″)	边长 (m)	增量计算值 Δx′(m)	Δy′(m)	改正后的增量值 Δx(m)	Δy(m)	坐标 x(m)	y(m)
1	2	3	4	5	6	7	8	9	10	11	12
1				124 59 43	105.22	−3 −60.34	+2 +86.20	−60.37	+86.22	500.00	500.00
2	107 48 30	+13	107 48 43	52 48 26	80.18	−2 +48.47	+2 +63.87	+48.45	+63.89	439.63	586.22
3	73 00 20	+12	73 00 32	305 48 58	129.34	−3 +75.69	+2 −104.88	+75.66	−104.86	488.08	650.11
4	89 33 50	+12	89 34 02	215 23 00	78.16	−2 −63.72	+1 −45.26	−63.74	−45.25	563.74	545.25
5	89 36 30	+13	89 36 43	124 59 43						500.00	500.00
6											
Σ	359 59 10	50	360 00 00		392.90	+0.1	−0.07	0.00	0.00		

辅助计算

$$f_\beta = \sum\beta - (4-2)\times180 = -50'' \qquad f_{\beta限} = \pm30''\sqrt{n} = 60('')$$

$$f_x = \sum\Delta x_测 = +0.1 \qquad f_y = \sum\Delta y_测 = -0.07 \qquad f_D = \sqrt{f_x^2 + f_y^2} = 0.12(m)$$

$$K = \frac{f_D}{\sum D} = \frac{1}{3\,200} \qquad 容许相对闭合差 = \frac{1}{2\,000}$$

导线略图

当 f_β 不能整除时,则将余数凑整到测角的最小位分配到短边大角上去。改正后的角值为:

$$\beta_i = \beta'_i + v_\beta \qquad (7\text{-}8)$$

调整后的角值(填入表 7-10 中 4 栏)必须满足 $\sum\beta = (n-2)\times180°$,否则表示计算有误。

（2）各边坐标方位角推算

根据导线点编号,导线内角(即右角)改正值和起始边,即可按公式 $\alpha_{前} = \alpha_{后} - \alpha_{右} + 180°$,依次计算 α_{23}、α_{34}、α_{41},直到回到起始边 α_{12}(填入表 7-10 中 5 栏)。经校核无误,方可继续往下计算。

（3）坐标增量计算及其他闭合差调整

根据各边长及其方位角,即可按式(7-2)计算得出相邻导线点的坐标增量(填入表 7-10 中 7 栏和 8 栏)。如图 7-9 所示,闭合导线纵、横坐标增量的总和的理论值应等于零,即:

$$\begin{cases} \sum\Delta x_{理} = 0 \\ \sum\Delta y_{理} = 0 \end{cases} \qquad (7\text{-}9)$$

由于量边误差和改正角值存在残余误差,其计算的观测值 $\sum\Delta x_{测}$、$\sum\Delta y_{测}$ 不等于零,与理论值之差,称为坐标增量闭合差,即:

$$\begin{cases} f_x = \sum\Delta x_{测} - \sum\Delta x_{理} = \sum\Delta x_{测} \\ f_y = \sum\Delta y_{测} - \sum\Delta y_{理} = \sum\Delta y_{测} \end{cases} \qquad (7\text{-}10)$$

如图 7-10 所示,由于 f_x、f_y 的存在,导线不闭合而产生 f,称为导线全长闭合差,即:

$$f = \sqrt{f_x^2 + f_y^2} \qquad (7\text{-}11)$$

f 值与导线长短有关。通常以全长相对闭合差 k 来衡量导线的精度,即:

$$k = \frac{f}{\sum D} = \frac{1}{\dfrac{\sum D}{f}} \qquad (7\text{-}12)$$

式中：$\sum D$——导线全长（表 7-10 中第 6 栏总和）。

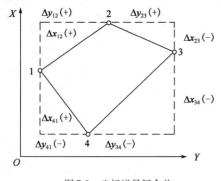

图 7-9　坐标增量闭合差

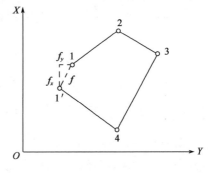

图 7-10　导线全长闭合差

当 k 在容许值范围内,可将以 f_x、f_y 相反符号按边长成正比分配到各增量中去,其改正数为：

$$v_{xi} = \left(-\frac{f_x}{\sum D} \right) \times D_i \qquad (7\text{-}13a)$$

$$v_{yi} = \left(-\frac{f_y}{\sum D} \right) \times D_i \qquad (7\text{-}13b)$$

按增量的取位要求,改正数凑整至 cm 或 mm(填入表 7-10 7、8 栏相应增量计算值尾数的上方),凑整后的改正数总和必须与反号的增量闭合差相等。然后将表中 7、8 栏相应的增量计算值加改正数计算改正后的增量(填入表 7-10 第 9.10 栏)。

(4)坐标计算

根据起点已知坐标和改正后的增量。按式(7-1)依次计算 2 点、3 点、4 点直至回 1 点的坐标,填入表 7-10 中 11 栏和 12 栏,以资检查。

3. 附合导线的坐标计算

计算步骤与闭合导线完全相同,但计算方法中,唯有 $\sum \beta_{\text{理}}$、$\sum \Delta x_{\text{理}}$、$\sum \Delta y_{\text{理}}$ 三项不同。现分述如下:

(1)角度闭合差 f_β 中 $\sum \beta_{\text{理}}$ 的计算

如表 7-11 中导线略图所示,已知始边和终边方位角 $\alpha_{A'A}$、$\alpha_{BB'}$,导线各转折角(左角)β 的理论值应满足下列关系式:

$$\alpha_{A2} = \alpha_{A'A} - 180° + \beta_1$$
$$\alpha_{23} = \alpha_{12} - 180° + \beta_2$$
$$\vdots$$

将上述各式取和,即:

$$\alpha_{BB'} = \alpha_{A'A} - 5 \times 180° + \sum \beta \qquad (7\text{-}14)$$

式中:$\sum \beta$——各转折角(包括连接角)理论值的总和,写成一般式,为:

$$\sum \beta_{\text{理}}^{\text{左}} = \alpha_{\text{终}} - \alpha_{\text{始}} + n \times 180° \qquad (7\text{-}15)$$

同理,为右角时,则:

$$\sum \beta_{\text{理}}^{\text{右}} = \alpha_{\text{始}} - \alpha_{\text{终}} + n \times 180° \qquad (7\text{-}16)$$

(2)坐标增量 f_x、f_y 闭合差中 $\sum \Delta x_{\text{理}}$、$\sum \Delta y_{\text{理}}$ 的计算

由附合导线略图可知,导线各边在纵横坐标轴上投影的总和,其理论值应等于终、始点坐标之差,即:

$$\begin{cases} \sum \Delta x_{\text{理}} = x_{\text{终}} - x_{\text{始}} \\ \sum \Delta y_{\text{理}} = y_{\text{终}} - y_{\text{始}} \end{cases} \qquad (7\text{-}17)$$

四、无定向导线测量的坐标计算

无定向导线,即未测连接角的附合导线。这种形式的导线较适合于通视条件差的隐蔽地区。与附合导线的计算不同的是,由于无定向导线未测连接角,整条导线无已知方位角,计算时首先必须求解导线起始边的方位角,然后才能计算无定向导线。

如图 7-11 所示,A、B 为已知点,P_1、P_2、$\cdots$、P_n 为导线点,β_1、β_2、$\cdots$、β_n 为野外观测角,S_1、S_2、$\cdots$、S_n 为观测边长。

表 7-11

附合导线坐标计算汇总

内容 点号	观测角 (° ′ ″)	改正数 (″)	改正后的角值 (° ′ ″)	坐标方位角 (° ′ ″)	边长 (m)	Δx′(m)	Δy′(m)	Δx(m)	Δy(m)	x(m)	y(m)
	2	3	4	5	6	7	8	9	10	11	12
A′				93 56 15							
A(P1)	186 35 22	−3	186 35 19	100 31 34	86.09	−15.73	+84.64 (−1)	−15.73	+84.63	167.81	219.17
P2	163 31 14	−4	163 31 10	84 02 44	133.06	+13.80	+132.34 (−1)	+13.80	+132.33	152.08	303.80
P3	184 39 00	−3	184 38 57	88 41 41	155.64	+3.55 (−1)	+155.60 (−2)	+3.54	+155.58	165.88	436.13
P4	194 22 30	−3	194 22 27	103 04 08	155.02	−35.05	+151.00 (−2)	−35.05	+150.98	169.42	591.71
B(P5)	163 02 47	−3	163 02 44	86 06 52						134.37	742.69
B′											
Σ	892 10 53		982 10 37		529.81	−33.43	+523.58	−33.44	+523.52		

辅助计算

$f_\beta = \alpha_{A'A} + \sum\beta + n\cdot180 - \alpha_{BB'} = +16''$ $f_{\beta限} = \pm30''\sqrt{n} = 67('')$

$f_x = \sum\Delta x_测 - \sum\Delta x_理 = +0.01$ $f_y = \sum\Delta y_测 - \sum\Delta y_理 = +0.06$

$f_D = \sqrt{f_x^2 + f_y^2} = 0.06(m)$ $K = \dfrac{f_D}{\sum D} = \dfrac{1}{8800}$ 答许相对闭合差 $= \dfrac{1}{2000}$

导线略图

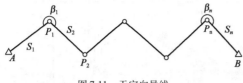

图7-11 无定向导线

无定向导线的计算思路是:首先假定第一条边的方位角和起点的坐标已知,推算各边的假定方位角及各点的假定坐标,再根据起、闭点的假定坐标增量计算两个已知点之间的假定方位角,两个已知点间的已知方位角和假定方位角之差,即为假定坐标系与实际坐标系之间的夹角,将各点的假定坐标系按此差值旋转,即得各点的所求坐标。

假设图7-11中S_1导线边的坐标方位角为$\alpha_{AP_1} = 90°$(也可按实际情况选取),根据支导线计算坐标方法,可逐一求取各导线点(包括已知点B)的一套假设坐标,即x'_{P_1}、y'_{P_1},x'_{P_2}、y'_{P_2},…,x'_B、y'_B。由此可得到真坐标方位角α_{AB}和假设坐标方位角α'_{AB},计算公式如下:

$$\alpha_{AB} = \arctan \frac{y_B - y_A}{x_B - x_A} \qquad S_{AB} = \sqrt{(x_B - x_A)^2 + (y_B - y_A)^2} \qquad (7\text{-}18)$$

$$\alpha'_{AB} = \arctan \frac{y'_B - y_A}{x'_B - x_A} \qquad S'_{AB} = \sqrt{(x'_B - x_A)^2 + (y'_B - y_A)^2} \qquad (7\text{-}19)$$

由此可以计算两个已知控制点A、B在真坐标系中的真坐标方位角α_{AB}和闭合边S_{AB},相对于假设坐标系中假设坐标方位角α'_{AB}和闭合边S'_{AB}的旋转角α及长度比M分别为:

$$\alpha = \alpha_{AB} - \alpha'_{AB} \times 7.19 \qquad (7\text{-}20)$$

$$M = \frac{S_{AB}}{S'_{AB}} \qquad (7\text{-}21)$$

经推导整理,可由假设坐标x'_i、y'_i及α、M,直接计算得出各导线点在真坐标系中的坐标值,即:

$$\begin{cases} x_i = x_A + M\cos\alpha(x'_i - x_A) - M\sin\alpha(y'_i - y_A) \\ y_i = y_A + M\cos\alpha(y'_i - y_A) + M\sin\alpha(x'_i - x_A) \end{cases} \qquad (7\text{-}22)$$

五、全站仪导线测量的坐标计算

导线测量一般习惯于测角、量距后,通过平差计算得出各导线点坐标。由于全站仪具有直接测定坐标的功能,本节介绍如何用全站仪直接测量导线点坐标,并进行外业成果检验及内业平差计算。

如图7-12所示,全站仪单一导线,$A(x_A, y_A)$、$B(x_B, y_B)$、$C(x_C, y_C)$为已知控制点,1、2、3为待测导线点,现使用全站仪先后安置在B、1、2、3等测站上,按全站仪坐标测量功能程序操作,分别实测出1、2、3及C点的坐标观测值为$1(x'_1, y'_1)$、$2(x'_2, y'_2)$、$3(x'_3, y'_3)$、$C(x'_C, y'_C)$。

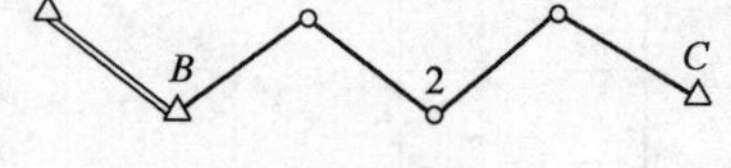

图7-12 全站仪单一导线

1. 外业施测成果检验

由于存在测量误差,当从已知控制点B连续测量至已知控制点C时,实测C的坐标(x'_C, y'_C)与已知坐标(x_C, y_C)不同,产生的坐标闭合差为:

$$\begin{cases} \delta x_C = x'_C - x_C \\ \delta y_C = y'_C - y_C \end{cases} \tag{7-23}$$

同时,也导致已知控制点 B 与 C 连线闭合边 BC 方向发生旋转,产生的旋转角 α 为:

$$\alpha = \alpha_{BC} - \alpha'_{BC} = \arctan\frac{y_C - y_B}{x_C - x_B} - \arctan\frac{y'_C - y_B}{x'_C - x_B} \tag{7-24}$$

参照测角、量距导线测量外业观测成果检验的思路,可以认为两已知控制点闭合边 BC 旋转角 α 类似于导线方位角闭合差 f_β,坐标闭合差 δ_x、δ_y 类似于导线坐标增量闭合差 f_x、f_y。因此,对它们的检验可按下列要求处理:

$$\begin{cases} \alpha \leqslant f_{\beta\text{限}} \\ k = \dfrac{f}{\sum_1^n S'_i} = \dfrac{1}{\sum_1^n S'_i/f} \leqslant k_{\text{限}} \end{cases} \tag{7-25}$$

式中:$f_{\beta\text{限}}$、$k_{\text{限}}$——可按照导线测量等级精度要求,按规范查取;

f——$f = \sqrt{\delta x_C^2 + \delta y_C^2}$;

$\sum_1^n S'_i$——导线各边长的总和,可由导线实测坐标反算。

当 α、k 满足规范要求后,认为外业施测成果合格,可以进行内业平差计算。

2. 内业数据处理与坐标计算

首先计算出旋转角 α,同时计算闭合边 BC 的长度比 M。M 计算如下:

$$M = \frac{S_{BC}}{S'_{BC}} = \frac{\sqrt{(x_C - x_B)^2 + (y_C - y_B)^2}}{\sqrt{(x'_C - x_B)^2 + (y'_C - y_B)^2}} \tag{7-26}$$

参照无定向导线坐标计算的思路,可直接得出由导线点坐标观测值 (x'_i, y'_i) 计算得出的各导线点平差后坐标值即:

$$\begin{cases} x_i = x_B + M\cos\alpha(x'_i - x_B) - M\sin\alpha(y'_i - y_A) \\ y_i = y_B + M\cos\alpha(y'_i - y_B) + M\sin\alpha(x'_i - x_A) \end{cases} \tag{7-27}$$

第三节 交 会 定 点

交会定点是加密控制点常用的方法,它可以采用在数个已知控制点上设站,分别向待定点观测方向或距离,也可以在待定点上设站向数个已知控制点观测方向或距离,然后计算待定点的坐标。交会定点方法有前方交会法、后方交会法和全站仪自由设站法等。下面介绍两种常用方法,即前方交会法和测边交会法。

一、前方交会法

如图 7-13 所示,在已知点 A、点 B 上设站测定待定点 P,与控制点的夹角分别为 α、β,即可得到 AP 边的方位角 $\alpha_{AP} = \alpha_{AB} - \alpha$,$BP$ 边的方位角 $\alpha_{BP} = \alpha_{BA} + \beta$。$P$ 点的坐标可由两条已知直线 AP 和 BP 交会求得,直线 AP 和 BP 的点斜式方程为:

$$\begin{cases} x_P - x_A = (y_P - y_A) \cdot \cot\alpha_{AP} \\ x_P - y_P \cdot \cot\alpha_{AP} + y_A \cdot \cot\alpha_{AP} - x_A = 0 \end{cases} \tag{7-28}$$

和

$$\begin{cases} x_P - x_B = (y_P - y_B) \cdot \cot\alpha_{BP} \\ x_P - y_P \cdot \cot\alpha_{BP} + y_B \cdot \cot\alpha_{BP} - x_B = 0 \end{cases} \qquad (7\text{-}29)$$

式(7-28)减去式(7-27),得:

$$y_P = \frac{y_A \cot\alpha_{AP} - y_B \cdot \cot\alpha_{BP} - x_A + x_B}{\cot\alpha_{AP} - \cot\alpha_{BP}} \qquad (7\text{-}30)$$

则:

$$x_P = x_A + (y_P - y_A) \cdot \cot\alpha_{AP} \qquad (7\text{-}31)$$

前方交会中,由未知点至相邻两起始点方向间的夹角称为交会角。交会角过大或过小,都会影响 P 点位置测定精度,要求交会角一般应大于30°并小于150°。一般测量中,都布设三个已知点进行交会,这时可分两组计算 P 点坐标,设两组计算 P 点坐标分别为 (x_P', y_P'),(x_P'', y_P'')。当两组计算 P 点的坐标较差 ΔD 在容许限差内时,即:

$$\Delta D = \sqrt{(x_P' - x_P'')^2 + (y_P' - y_P'')^2} \leqslant 0.2M \qquad (7\text{-}32)$$

式中:M——测图比例尺分母;

ΔD——以毫米(mm)为单位。

则取它们的平均值作为 P 点的最后坐标。

二、测边交会法

除测角交会法外,还可测边交会定点,通常采用三边交会法。如图7-14所示,A、B、C 点为已知点,a、b、c 为测定的边长。

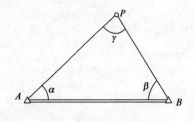

图7-13　前方交会

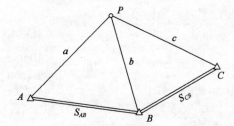

图7-14　测边交会

由已知点反算边的方位角和边长为 α_{AB}、α_{CB} 和 D_{AB}、D_{CB}。在三角形 ABP 中:

$$\cos A = \frac{D_{AB}^2 + a^2 - b^2}{2 \cdot S_{AB} \cdot a} \qquad (7\text{-}33)$$

则:

$$\alpha_{AP} = \alpha_{AB} - A$$

$$\begin{cases} x_P' = x_A + a \cdot \cos\alpha_{AP} \\ y_P' = y_A + a \cdot \sin\alpha_{AP} \end{cases} \qquad (7\text{-}34)$$

同理,在三角形 CBP 中:

$$\cos C = \frac{D_{CB}^2 + c^2 - b^2}{2 \cdot S_{CB} \cdot c}$$

$$\alpha_{CP} = \alpha_{CB} + c$$

$$\begin{cases} x''_P = x_C + c \cdot \cos\alpha_{CP} \\ y''_P = y_C + c \cdot \sin\alpha_{CP} \end{cases} \tag{7-35}$$

因由式(7-33)和式(7-34)计算的两组坐标,其较差在容许限差内,故取它们的平均值作为 P 点的最后坐标。

三、全站仪自由设站法

自由设站法是大比例尺地面数字测图常用的建立测站点的一种方法。使用全站速测仪,在一个未知坐标的测站点上对 2~5 个控制点进行方向和(或)距离观测,便可自动计算得出测站点坐标。自由设站的优点在于:自由设站要求的控制点的数目较少,设站基本不受地形的限制;自由设站的平面坐标按间接平差计算,具有较高的平面坐标精度,其高程可按测距三角高程测量方法求得。

设在一个自由设站点 P 上观测了 N 个控制点(观测方向数受全站速测仪提供的程序的限制),根据观测值(方向值及距离)和控制点坐标先计算出设站点 P 的近似坐标,然后列出方向和边长的误差方程式,再组成法方程,解算法方程式,计算坐标。

自由设站时根据连测控制点数的不同,一般分为三种情况:第一种是用一个方向和距离连测两个控制点,如图 7-15a)所示;第二种是用方向连测三个控制点,如图 7-15b)所示;第三种是用多余观测进行自由设站,如图 7-15c)所示。只连测三个控制点的方向进行自由设站和通常的后方交会相同,没有多余观测和检查条件,一般不宜采用。

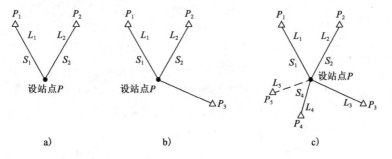

图 7-15 自由设站法示意图

第四节 GPS 控制测量

全球导航卫星系统(Global Navigation Satellite System,GNSS)包含美国 GPS、俄罗斯 GLO-NASS、中国 Compass(北斗)和欧盟 Galileo(伽利略)等系统,可用卫星达到 100 颗以上。已投入商业运行的卫星定位测量系统主要有美国 GPS 和俄罗斯 GLONASS。本节主要介绍 GPS 的测量原理与方法。

GPS(Global Positioning System)即全球定位系统,是由美国历时 20 年,于 1993 年建成的一套先进的卫星导航定位系统。该系统是伴随着现代科学技术的迅速发展而建立起来的新一代精密卫星导航和定位系统,不仅具有全球性、全天候、连续的三维测速、导航、定位与授时功能,而且具有良好的抗干扰性和保密性。它的定位技术的高度自动化及其所能达到的高精度,引起了测量工作部门的极大关注和兴趣。特别是近年来,GPS 定位技术在应用基础的研究、新应用领域的开拓以及软硬件的开发等方面都取得了迅猛发展,它已经广泛地渗透到经济建设和科学技术的许多领域,充分显示强大的生命力。

一、GPS 组成

GPS 主要由空间星座部分、地面控制部分和用户设备部分组成。

1. 空间星座部分

空间部分由 24 颗卫星组成,其中包括 21 颗工作卫星和 3 颗随时启用的备用卫星。卫星均匀分布在 6 个轨道上,各轨道升交点之间的角距为 60°,每个轨道面上有 4 颗卫星,相邻轨道之间的卫星彼此叉开 40°,以保证全球均匀覆盖的要求。轨道平均高度为 20 200km,卫星运行周期为 12 个恒星,如图 7-16 所示。

GPS 卫星的主体呈圆柱形,质量为 843.68kg,设计寿命 7.5 年,卫星上装备了无线收发两用机、铯原子钟、计算机、两块长为 7.2m 的太阳能翼板以及其他设备。卫星的主要功能是:接收、存储和处理地面监控系统发射来的导航电文及其他相关信息,向用户连续不断地发送导航与定位信息,并提供时间标准、卫星空间实时位置及其他在轨卫星的概略位置;接收并执行地面监控系统发送的控制指令,如调整卫星姿态、启用备用时钟或卫星等。

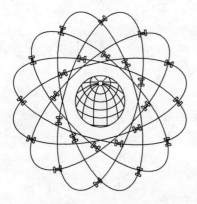

图 7-16　GPS 卫星组成示意图

2. 地面控制部分

地面控制部分负责监控全球定位系统的工作,包括主控站、监控站和注入站,它们的作用分述如下:

(1)主控站(卫星操控中心)。主控站位于科罗拉多·斯普林斯附近的佛肯空军基地,其任务是:收集各监控站回馈的跟踪数据,计算卫星轨道和钟差参数并发送至各注入站,转发至各卫星;另外还可诊断卫星的工作状态,进行调度。主控站本身还是监控站。

(2)监控站。监控站共有 5 个,除主控站外,还在夏威夷和北太平洋的卡瓦加兰岛、印度洋的狄哥·加西亚岛、大西洋的阿森松岛上设立监控站,其坐标已精确测定。监控站装备有 P 码接收机和精密铯原子钟,对所接收到的卫星进行连续的 P 码伪距跟踪测量,并将每隔 1.5s 的观测结果,借助电离层和气象数据,采取平滑方法,获得每 15min 的结果数据,传送到主控站。

(3)注入站。注入站共有 3 个,与三大洋的卡瓦加兰岛、狄哥·加西亚岛和阿森松岛上的监控站并置,其主要功能是将主控站发送来的卫星星历和钟差信息,每天注入到卫星上的存储器中。即使注入站因故障无法注入新的数据,存储器具备长达 14d 的预报能力,如图 7-17 所示。

3. 用户设备部分

用户设备部分包括 GPS 接收机硬件、数据处理软件和微处理机及其终端设备等。

图 7-17　GPS 控制部分

GPS 接收机是本部分的核心,一般由天线、信号处理部分、显示装置、记录装置和电源组成。其主要功能是:跟踪接收 GPS 卫星发射的信号并进行变换、放大、处理,以便测量出 GPS 信号从卫星到接收机天线的传播时间,解译导航电文,实时地计算测站的三维位置、速度和时间。

GPS 接收机的基本结构如图 7-18 所示。

图 7-18　GPS 接收机的基本结构

二、GPS 定位的基本原理

GPS 全球定位系统是一个利用空间距离交会定点的导航系统,在利用该系统进行定位的过程中,每个 GPS 工作卫星充当一个已知点,如同传统测量中的控制点,但 GPS 工作卫星是环绕地球作椭圆形的运动,它的空间位置(即三维坐标)随时间的变化而变化,因此它是一个动态的已知点,即在任意瞬间,都可以利用该卫星的运动方程和时刻,计算得出该瞬间 GPS 工作卫星的空间位置。可见,能够准确地计算 GPS 卫星的空间位置,是利用 GPS 定位系统进行定位和导航的基础。

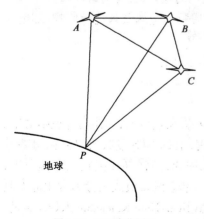

图 7-19　GPS 定位原理

在整个定位过程中,在"运动"的控制点的基础上,GPS 定位的原理就如同空间距离交会的原理,如图 7-19 所示。

图 7-19 中,A、B、C 三点为已知三维坐标的 GPS 工作卫星,P 点为待定点,四点在三维空间中构成一个三棱锥,如果能够获取 AP、BP、CP 三段距离,那么就可以在空间中通过距离交会出待定点 P。因此,在 GPS 定位过程中,获得 GPS 卫星至待定点的距离(即卫地距)是定位的关键。由于获取卫地距的方法不同,GPS 定位又分为测距码伪距测量和载波相位测量。

测距码伪距测量就是利用 GPS 接收机测定由卫星发

射的测距码(C/A、P 码)到观测站(待定点)的传播时间(时间延迟)ΔT,再乘以光速 c,从而获得卫地距 P,即:

$$P = c \times \Delta T \tag{7-36}$$

载波相位测量就是当 GPS 接收机锁定卫星载波相位,就可以得到从卫星传到接收机经过延时的载波信号,如果将载波信号与接收机内产生的基准信号相比就可得到载波相位观测值 $\Delta\psi$,再乘以载波信号的波长 λ,从而获得卫地距 P,即:

$$P = \Delta\psi \times \lambda \tag{7-37}$$

相对测距码,载波频率高、波长短,因此,载波相位测量的精度比测距码测量的定位精度高。

三、GPS 控制测量的实施

使用 GPS 接收机进行控制测量的过程为:技术设计、选点与建立标志、外业观测、成果检核与数据处理、技术总结等阶段。

1. 技术设计

技术设计阶段主要包括:确定测量精度指标、根据测区设计网的图形、选择作业模式和编制观测调度计划等。

精度指标通常是以网中相邻点之间的距离误差来表示,它的确定取决于网的用途。精度指标的大小将直接影响 GPS 网的布设方案及 GPS 作业模式,因此在实际设计中要根据用户的实际需要来确定。

网形设计是根据用户要求,确定具体网的网形结构。根据使用的仪器类型和数量,基本构网方法有点连式、边连式和网连式三种。

2. 选点与建立标志

由于 GPS 测量观测站之间不要求通视,而且网的图形结构比较灵活,选点工作较常规测量简便。因为点位的选择对 GPS 观测工作的顺利进行并取得可靠结果有着重要影响,因此,应根据测量任务的目的和测区范围、精度和密度的要求等,充分收集和了解测区的地理情况、原有控制点的分布和保存情况,以便恰当地选定 GPS 点的点位。在选点时应满足以下原则:

(1)点位应选择在交通方便、便于安置天线和 GPS 接收机的地方,且现场要开阔。

(2)点位应远离对电磁波接收有强烈吸收、反射等干扰影响的金属及其他障碍物,如电视台、高层建筑、高压线、大范围水面等。

(3)选择点位时,应考虑便于用其他测量手段联测,且易于保存。

点位选定后,按要求埋置标石,并绘制点之记。

3. 外业观测

外业观测包括天线安置和接收机操作。观测时将天线安置在点位上,工作内容包括对中、整平、定向和量取天线高。接收机的操作一般仅需按功能键(有的 GPS 接收机只需按电源开关键),就能顺利地完成测量工作。观测数据由接收机自动完成,并保存在接收机存储器中,供随时调用和处理。作业模式有静态测量和动态测量两种。静态测量模式又分为常规静态测量和快速静态测量;动态测量又分为准动态测量和实时动态(Real-Time Kinematic,RTK)测量。下面简要介绍应用最广的静态测量和 RTK 测量。

（1）静态测量

常规静态测量作业方法是：采用两台或两台以上 GPS 接收机，分别安置在一条或数条基线的两端，同步观测 4 颗以上卫星，每个时段长达 45min～2h 或更久。快速静态测量作业方法是：在测区中部选择一个基准站，并安置一台接收机设备连续跟踪所有可见卫星，另一台接收机依次到各点流动设站，每点观测数分钟。前者适合建立全球性或国家级大地控制网、地壳运动监测网、长距离检校基线及精密工程控制网等；后者适用于控制网的建立及加密、工程测量、地籍测量等。

（2）RTK 测量

RTK 测量，是以载波相位观测量为根据的实时差分 GPS 测量技术。它将 GPS 测量技术与数据传输技术结合起来，是 GPS 测量技术发展中的技术突破。常规测量的数据都是测后处理，不能实时给出测站的定位结果，而且无法对基准站和流动站观测数据的质量进行实时检核，因而难以避免在数据后处理中发现不合格的观测成果，需要进行返工重测。实践中，一般是延长观测时间，以获取大量多余观测量来保障观测结果的可靠性，但由此降低了工作效率。

RTK 测量的基本原理是：在基准站上安置一台 GPS 接收机，对所有 GPS 卫星进行连续观测，并将其观测数据通过无线电传输设备，实时发送给流动观测站。流动站上的 GPS 接收机在接收卫星信号的同时，通过无线电接收设备接收基准站传输的观测数据，然后根据相对定位原理，实时计算并显示流动站的三维坐标及其精度。流动站可以静止，也可以处于运动状态。

RTK 测量是建立在流动站与基准站误差强相关这一假设的基础上的。当流动站离基准站较近（约 20km）时，这个假设能较好地成立，此时利用一个或数个历元的观测资料即可获得厘米级精度的定位结果。随着数据传输设备性能的完善和可靠性的提高、数据处理功能的增强，它的应用范围必将会越来越大。

4. 成果检核与数据处理

按照《全球定位系统（GPS）测量规范》（GB/T 18314—2009）要求，对各项检核内容严格检查，确保准确无误，然后进行数据处理。由于 GPS 观测信息量大、数据多，采用的数学模型和解算方法多种多样，在实际工作中，一般是应用电脑通过一定的计算程序来完成数据处理工作。

5. 技术总结

测量工作完成后一般会进行技术总结，内容一般包括：测区范围、任务来源、技术依据、方法及补测、野外数据检核情况及分析、平差方法，以及各种附表附图等。

第五节　三、四等水准测量

一、三、四等水准测量技术要求

三、四等水准测量直接为地形测量和工程建设提供所必需的高程控制点。三等水准路线在高等级水准网内加密成闭合环线或附合路线，其环线周长规定不超过 300km；四等水准路线一般是在高等级水准点间布成附合路线或闭合环线，其长度规定不超过 80km。三、四等水准测量技术要求见表 7-12，每一测站上的技术要求见表 7-13。

水准测量的主要技术要求　　　　　　　　表 7-12

等级	每千米高差全中误差（mm）	路线长度（km）	水准仪的型号	水准尺	观测次数		平地（mm）	山地（mm）
					与已知点观测	附合或环线		
二等	±2		DS$_1$	铟瓦	往返各一次	往返各一次	±4$\sqrt{L}$	
三等	±6	≤50	DS$_1$	铟瓦	往返各一次	往一次	±12$\sqrt{L}$	±4$\sqrt{n}$
			DS$_3$	双面		往返各一次		
四等	±10	≤16	DS$_3$	双面	往返各一次	往一次	±20$\sqrt{L}$	±6$\sqrt{n}$
五等	±15		DS$_3$	单面	往返各一次	往一次	±30$\sqrt{L}$	

注：1. 结点之间或结点与高级点之间，其路线的长度不应大于表中规定的 0.7 倍；
　　2. L 为往返测段，附合或环线的水准路线长度（单位为 km），n 为测站数。

三、四等水准测量测站技术要求　　　　　　　　表 7-13

等　级	视线长度（m）	视线高度（m）	前后视距离差（m）	前后视距累积差（m）	红黑面读数差（尺常数误差）（mm）	红黑面所测高差之差（mm）
三等	≤65	≥0.3	≤3	≤6	≤2	≤3
四等	≤80	≥0.2	≤5	≤10	≤3	≤5

二、观测与计算

1. 观测方法

三、四等水准测量的观测应在通视良好、望远镜成像清晰稳定的情况下进行，若用普通 DS$_3$ 水准仪观侧，则应注意每次读数前都应精平，即使符合水准气泡居中。如果使用自动安平水准仪，则无须精平（测量原理详见第二章），工作效率大为提高。下面介绍用双面尺法进行三、四等水准测量时在一个测站上的观测程序。

（1）后视水准尺黑面，读取上、下视距丝和中丝读数，记入表 7-14 中（1）、（2）、（3）对应位置；

（2）前视水准尺黑面，读取上、下视距丝和中丝读数，记入记录表 7-14 中（4）、（5）、（6）对应位置；

（3）前视水准尺红面，读取中丝读数，记入记录表中 7-14 中（7）对应位置；

（4）后视水准尺红面，读取中丝读数，记入记录表中 7-14 中（8）对应位置。

这样的观测顺序简称为"后—前—前—后"，其优点是可以减弱仪器下沉误差的影响。概括起来，每个测站共需读取 8 个读数，并立即进行测站计算与检核，满足三、四等水准测量的有关限差要求（表 7-13）后方可迁站。

2. 测站计算与检核

（1）视距计算与检核

根据前、后视的上、下视距丝读数计算前、后视的视距，见表 7-14，即：

后视距离：（9）= 100 × {（1）−（2）}；

前视距离：（10）= 100 × {（4）−（5）}；

108

计算前、后视距差(11):(11) = (9) - (10);

计算前、后视距离累积差(12):(12) = 上站(12) + 本站(11)。

以上计算得前、后视距、视距差及视距累积差均应满足表 7-13 的要求。

(2)尺常数 K 检核

尺常数为同一水准尺黑面与红面读数差。其误差的计算公式(表 7-14)为：

(13) = (6) + K_i - (7);

(14) = (3) + K_i - (8)。

其中,K_i 为双面尺红面分划与黑面分划的零点差(A 尺:K_1 = 4 687mm;B 尺:K_2 = 4 787mm)。对于三等水准测量,尺常数误差不得超过 2mm;对于四等水准测量,尺常数误差不得超过 3mm。

四等水准测量记录汇总 表 7-14

日期: 年 月 日

观测点: 记录者: 校核者:

测站编号	点 号	后	上丝(m)	前	上丝(m)	方向	中丝读数(m)		黑+K-红	平均高差	高程
	视距差 d/∑d	尺	下丝(m)	尺	下丝(m)		后视	前视	(mm)	(m)	(mm)
			视距(m)		视距(m)						
			(1)		(4)	后	(3)	(8)	(14)	(18)	
			(2)		(5)	前	(6)	(7)	(13)		
	(11)/(12)		(9)		(10)	后-前	(15)	(16)	(17)		
1	BM.1~TP.1		1 329		1 173	后	1 080	5 767	0	+0.147 5	17.438
			0.831		0.693	前	0.933	5 719	+1		
	+1.8/+1.8		49.8		48.0	后-前	+0.147	+0.048	-1		17.585 5
2	TP.1~TP.2		2 018		2 467	后	1 799	6 567	-1	-0.443 5	
			1 540		1 978	前	2 223	6 910	0		
	-1.1/+0.7		47.8		48.9	后-前	-0.444	-0.343	-1		17.142

注:表中所示的(1)、(2)、…、(18)表示读数、记录和计算的顺序。

(3)高差计算与检核

按前、后视水准尺红、黑面中丝读数分别计算该站高差,见表 7-14,即：

黑面高差:(15) = (3) - (6);

红面高差:(16) = (8) - (7);

红黑面高差之误差:(17) = (14) - (13)。

对于三等水准测量,(17)不得超过 3mm;对于四等水准测量,(17)不得超过 5mm。

红黑面高差之差在容许范围以内时取其平均值,作为该站的观测高差为：

(18) = {(15) + [(16) ± 100mm]}/2。

上式计算时,当(15) > (16)时,100mm 前取正号计算;当(15) < (16)时,100mm 前取负号计算。总之,平均高差(18)应与黑面高差(15)很接近。

(4)每页水准测量记录计算校核

每页水准测量记录应做总的计算校核。

高差校核为：

$\sum(3) - \sum(6) = \sum(15)$；

$\sum(8) - \sum(7) = \sum(16)$；

$\sum(15) + \sum(16) = 2\sum(18)$（偶数站）；

或：

$\sum(15) + \sum(16) = 2\sum(18) \pm 100\mathrm{mm}$（奇数站）；

视距差校核为：

$\sum(9) - \sum(10) = $本页末站$(12) - $前页末站$(12)$；

本页总视距为：

$\sum(9) + \sum(10)$。

三、三、四等水准测量的成果整理

三、四等水准测量的闭合或附合线路的成果整理首先应按表 7-12 的规定，检验测段（两水准点之间的线路）往返测高差不符值（往、返侧高差之差）及附合或闭合线路的高差闭合差。如果在容许范围以内，则测段高差取往、返测的平均值，线路的高差闭合差则反其符号按测段的长度成正比关系，进行分配，详见第二章。

第六节 三角高程测量

三角高程测量是根据两点间的水平距离或斜距离以及竖直角按照三角公式来求出两点间的高差。如图 7-20 所示，已知 A 点高程 H_A，欲求 B 点高程 H_B。在 A 点安置经纬仪或测距仪，仪器高为 i_a；在 B 点设置觇标或棱镜，其高度为 v_b，望远镜瞄准觇标或棱镜的竖直角为 α_a，则 AB 两点的高差为：

$$h_{ab} = h' + i_a - v_b \tag{7-38}$$

式中，h' 计算因观测方法不同而异。

利用平面控制已知的边长 D，用经纬仪测量竖角 α 求两点高差，称为经纬仪三角高程测量，即 $h' = D\tan\alpha$；利用测距仪测定斜距 S 和 α，计算 h_{ab}，称为光电测距三角高程测量，它通常与测距仪导线一道计算，即 $h' = S\sin\alpha$。此外，当 AB 距离较长时，式(7-38)还须加上地球曲率和大气折光的合成影响，这称为球气差。根据式(7-39)，$f = 0.43D^2/R$，故上式改写为：

$$h_{ab} = D\tan\alpha_a + i_a - v_a + f_a \tag{7-39}$$

$$h_{ab} = S\sin\alpha_a + i_a - v_a + f_a \tag{7-40}$$

为了消除或削弱球气差的影响，通常三角高程进行对向观测。由 A 点向 B 点观测得 h_{ab}，由 B 点向 A 点观测得 h_{ba}。当两高差的校差在容许值内，则取其平均值，得：

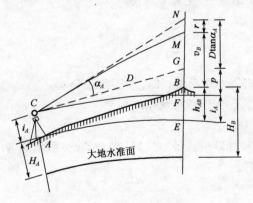

图 7-20 三角高程测量原理

110

$$h_{AB} = \frac{1}{2}(h_{ab} - h_{ba}) = \frac{1}{2}\{(h' - h'') + (i_a - i_b) + (v_a - v_b) + (f_a - f_b)\} \quad (7\text{-}41)$$

当外界条件相同，$f_a = f_b$。式(7-41)的最后一项为零。消除其影响。但在检查高差校差时，计算中仍须加入球气差改正，这一点应引起注意。最后，B 点高程为：

$$H_B = H_A + h_{AB} \quad (7\text{-}42)$$

复习思考题

1. 名词解释。

坐标正算、坐标反算、坐标增量、导线全长相对闭合差、前方交会

2. 为什么建立控制网？控制网可分为哪几种？

3. 导线测量外业有哪些工作？选择导线点应注意哪些问题？

4. 导线与高级控制点连接有哪些目的？

5. 在没有高级控制点连接的情况下，采用哪种导线形式为最佳选择？

6. 角度闭合差在什么条件下进行调整？调整的原则是什么？

7. GPS 测量的外业工作有哪些内容？

8. GPS 测量的内业工作有哪些内容？

9. 选定 GPS 点点位时应遵守哪些原则？

10. 四等水准在一个测站上的观测程序是什么？限差要求有哪些？

11. 坐标增量的正负号与坐标象限角和坐标方位角有哪些关系？

12. 三角高程路线上 AB 的平距为：85.7m，由 A 点到 B 点观测时，竖直角观测值为 $-12°00'09''$，仪器高为 1.561m，高程为 1.949m。由 B 点到 A 点观测时，竖直角观测值为 $+12°22'23''$，仪器高为 1.582m，高程为 1.803m。已知 A 点高程为 500.123m，试计算试边的高差及 B 点高程。

第八章　地形图的基本知识

第一节　地图概述

一、地图的基本特征

地图是对客观世界的描述,与缩绘地理事物于平面上的描景图和风景照片相比,无论是传统的还是现代的地图都具有独特的基本特征。

1. 地图是按照一定的数学法则构成的

地图总是以缩小的形式反映地球表面的地理事物,缩小的程度不同,图上反映的制图范围和详细程度不同;地图要把地球不规则曲面上的事物和现象转绘到平面纸上;地图还必须准确反映它与客观实体在位置、属性等方面的关系,使地图上各种地理要素同地面事物之间保持一定的对应关系,从而可以在地图上进行方向、距离、面积、高低等的量测和对比。因而,比例尺、地图投影、坐标系统就构成了地图的数学法则。

2. 地图必须经过科学概括

地图是地球表面实际情况的缩小,在有限的图面上要表示出制图区域的一切地理事物是不可能的,也是不必要的。因此,制作地图时,必须根据编图的目的要求,从大量的地理信息中选取最主要、最本质的信息加以处理并表示在图上,而将次要的、非本质的信息简化或舍去,这个过程就是地图概括。地图经过概括才能反映出制图区域的基本特征,保持图面清晰易读。

3. 地图具有完整的符号系统

地球上包含了数量极其巨大的地理信息,不可能按原样全部缩绘在地图上。地图上所表示的地理事物并不是实际事物原样的缩小,而是运用各种形状、大小、颜色的地图符号来表示实地景物的空间位置、范围、大小及数量、质量特征的。从广义上说,地图上的图形、文字注记、数字等都是符号。

4. 地图是地理信息的载体

地图容纳和存储了大量的地理信息,这些信息不仅能被积累、复制、组合、传递,还能被使用者根据自身的需要加以理解、提取和应用。作为信息的载体,不仅有传统的纸质、实体模型,还有屏幕、影像、声像等形式,最常见的是纸质地图和屏幕地图。

根据上述基本特征,可以给地图下这样一个定义:地图是遵循一定的数学法则,将地面上的地理信息,通过科学的概括,并运用符号系统表示在一定载体上的图形,以传递它们的数量和质量在时间与空间上的分布规律和发展变化。

二、地图的构成要素

地图的种类繁多,内容和用途各异,归纳起来,它们具有共同的构成要素。

1. 图形要素

地图上将制图区域的各种自然地理要索和社会经济要素,用各种地图符号加以表示而形成图形要素,它是构成地图内容的主体部分。

2. 数学要素

地图上的投影网、坐标系统、比例尺、控制点都是数学要素。它们用来确定地理事物的空间位置和几何精度,是在地图上进行方向、距离、面积、坡度等量测的基础,保证地图的可量性和可比性。

地图上任一线段 d 与地上相应线段水平距离 D 之比,称为图的比例尺。常见的比例尺有两种:数字比例尺和直线比例尺。

(1)数字比例尺

用分子为 1 的分数式来表示的比例尺,称为数字比例尺,即:

$$\frac{d}{D} = \frac{1}{M}$$

式中:M——比例尺分母,表示缩小的倍数。

M 越小,比例尺越大,图上表示的地物地貌越详尽。

(2)图示比例尺

为了用图方便,以及避免由于图纸伸缩而引起误差,通常在图上绘制图示比例尺,也称直线比例尺。图 8-1 所示为 1∶1 000 的图示比例尺,在两条平行线上分成若干 2cm 长的线段,称为比例尺的基本单位,左端一段基本单位细分成 10 等分,每等分相当于实地 2m,每一基本单位相当于实地 20m。

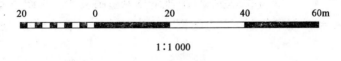

1∶1 000

图 8-1　图示比例尺

人眼正常的分辨能力,在图上辨认的长度通常为 0.1mm,它在地上表示的水平距离为 0.1mm×M,称为比例尺精度。利用比例尺精度,根据比例尺可以推算出测图时量距应准确到什么程度。例如,1∶1 000 地形图的比例尺精度为 0.1m,测图时量距的精度只需 0.1m,小于 0.1m 的距离在地图上表示不出来。反之,根据地图上表示实地的最短长度,可以推算测图比例尺。例如,欲表示实地最短线段长度为 0.5m,则测图比例尺不得小于 1∶5 000。

比例尺越大,采集的数据信息越详细,精度要求就越高,测图工作量和投资通常成倍增加,因此使用哪种比例尺测图,应从实际需要出发,不应盲目追求更大比例尺的地形图。不同比例尺地形图的比例尺精度见表 8-1。

地形图的比例尺精度　　　　　　　　　　　　　　　　　表 8-1

比例尺	1∶500	1∶1 000	1∶2 000	1∶5 000	1∶10 000
比例尺精度	0.05	0.1	0.2	0.5	1.0

对于实测的数字地形图,其地形信息的数据直接来源于测量手段,精确地存储于磁盘或光盘等介质,并可以直接在计算机屏幕上显示和应用,按一定比例尺用绘图仪绘制的图纸仅是其

表示方法之一。储存的地形信息保持地形测量时获取数据的精度,故对于实测的数字地形图只有"测量精度",而不存在绘制地形图和使用地形图时的"比例尺精度"问题。这是数字地形图的优点之一。但是,数字地形图一旦按指定的比例尺将图形绘制于图纸上以后,则使用这种纸质地形图时仍受到比例尺精度的限制。

3. 辅助要素

说明地图编制状况的内容、为方便地图应用所必须提供的内容都属于辅助要素,它们一般安置在主要图形的外侧,也可根据需要配置在适当位置。辅助要素包括图名、图例、地图编号、地图编制和出版的单位、时间、文字、照片、统计图表等,是保证地图完整性、帮助读者了解地图内容不可缺少的部分。

三、地图的分类

地图的种类繁多,为了便于地图的制作、管理和使用,帮助人们了解各类地图的性质、功用和不同类别地图之间的关系,对地图加以科学的分类是必要的。地图分类是按地图的某些特性或标志,将地图划分成不同的类别。

1. 按地图的主题内容分类

按一定法则,有选择地在平面上表示地球表面各种自然现象和社会现象的图,通称地图。按内容,地图分为普通地图及专题地图。普通地图是综合反映地面上物体和现象一般特征的地图,内容包括各种自然地理要素(如水系、地貌、植被等)和社会经济要素(如居民点、行政区划及交通线路等),但不突出表示其中的某一种要素。专题地图是着重表示自然现象或社会现象中的某一种或几种要素的地图,如地籍图、地质图和旅游图等。本章主要介绍地形图,它是普通地图的一种。地形图是按照一定的比例尺,用规定的符号表示地物、地貌平面位置和高程的正射投影图。

2. 按地图比例尺分类

地图比例尺的大小直接决定着地图内容的详略程度、表示范围、精度和使用范围。按照比例尺大小,地图可分为大比例尺、中比例尺和小比例尺地图。

通常把比例为 $1:500$、$1:1\,000$、$1:2\,000$、$1:5\,000$ 的比例尺称为大比例尺,比例为 $1:10\,000$、$1:25\,000$、$1:50\,000$、$1:100\,000$ 的比例尺称为中比例尺,比例小于 $1:100\,000$ 的比例尺称为小比例尺。不同比例尺的地形图有不同的用途。

中比例尺地形图是国家的基本图,由国家测绘部门负责在全国范围内测绘,目前均用数字摄影测量方法成图。小比例尺地形图一般由中比例尺图缩小编绘而成。

大比例尺地形图为城市和工程建设所需要。比例尺为 $1:500\sim1:1\,000$ 的地形图一般用电子全站仪、经纬仪等测绘;比例尺为 $1:2\,000$ 和 $1:5\,000$ 的地形图一般用更大比例尺的图缩绘。大面积的大比例尺地形图的测绘也可以用数字航空摄影测量方法成图。

3. 按制图区域分类

按制图区域从大到小进行分类,地图包括多个层次:星球图、地球图;世界图、大洲图、大洋图、半球图;国家图以及下属的一级行政区(如我国的省、自治区、直辖市)、二级行政区(如我国的市、县)以及更小的行政区域图;局部区域图,如海域图、海湾图、流域图等。

4．按其他指标分类

按用途,地图可分为教学用地图、军用地图、文化地图、国民经济与管理地图等。

按出版和使用方式,地图可分为桌图、挂图、系列图、地图集(册)等。

按表现形式,地图可分为线画地图、影像地图、触觉地图、数字地图、多媒体声像地图等。

第二节　地形图的分幅与编号

我国幅员辽阔,东西向经度跨60多度,南北向纬度跨50多度。要将全部国土测绘在一张基本比例尺的地形图上,显然是不可能的。因此,必须将其分成许多小块,一幅一幅地分别进行测绘,这样就有许多幅地形图。通常认为一幅图的幅面大小约为长50~60cm,宽40~50cm比较合适。比例尺不同,图幅的多少也不一样,比例尺越大,图幅的数量就越多。在使用时,可以再把需要的相邻图幅拼接起来,这样就做到了测时分别测,用时能拼在一块,即可分可合。另外,对于这么多地形图,为了保管、查取和使用上的方便,必须给每幅不同比例尺的地形图设置一个科学的编号,使用时可按照这个编号进行查找。这就像到电影院找座号一样,只要知道几排几号,很快就能找到你的座位。

地形图的分幅方法有两种:一种是经纬网梯形分幅法或国际分幅法;另一种是坐标格网正方形或矩形分幅法。前者用于国家基本比例尺地形图;后者用于工程建设大比例尺地形图。

一、地形图的分幅与编号

1.1:100万比例尺地形图的分幅和编号

1:100万地形图分幅和编号是采用国际标准分幅的经差6°、纬差4°为一幅图。如图8-2所示,从赤道起向北或向南至纬度88°止,按纬差每4°划作22个横列,依次用A、B 、…、V表示;从经度180°起向东按经差每6°划作一纵行,全球共划分为60纵行,依次用1、2、…、60表示。每幅图的编号由该图幅所在的"列号—行号"组成。例如,北京某地的经度为116°26′08″、纬度为39°55′20″,所在1:100万地形图的编号为J-50。

2.1:50万、1:25万、1:10万比例尺地形图的分幅和编号

这三种例尺地形图都是在1:100万地形图的基础上进行分幅编号的,如图8-3所示。

一幅1:100万的图可划分出4幅1:50万的图,分别以代码A、B、C、D表示。将1:100万图幅的编号加上代码,即为该代码图幅的编号,如图8-3左上角1:50万图幅的编号为J-50-A。

一幅1:100万的图可划分出16幅1:25万的图,分别用[1]、[2]、…、[16]代码表示。将1:100万图幅的编号加上代码,即为该代码图幅的编号,如图8-3左上角1:25万图幅的编号为J-50-[1]。

一幅1:100万的图可划分出144幅1:10万的图,分别用1、2、…、144代码表示。将1:100万图幅的编号加上代码,即为该代码图幅的编号,如图8-3左上角1:10万图幅的编号为J-50-1。

3.1:5万、1:2.5万、1:1万比例尺地形图的分幅和编号

这三种比例尺图的分幅、编号都是以1:10万比例尺地形图为基础。将一幅1:10万的图划分成4幅1:5万地形图,分别以A、B、C、D数码表示,将其加在1:10万图幅编号后面,便组

成 1:5 万的图幅编号,例如 J-50-144-A。如果再将每幅 1:5 万的图幅划分成 4 幅 1:2.5 万地形图,并以 1、2、3、4 数码表示,将其加在 1:5 万图幅编号后面,便组成 1:2.5 万图幅的编号,例如,J-50-144-A-2。将 1:10 万图幅进一步划分成 64 幅 1:1 万地形图,并用(1)、(2)、…、(64)带括号的数码表示,将其加在 1:10 万图幅编号后面,便组成 1:1 万图幅的编号,例如 J-50-144-(62)。

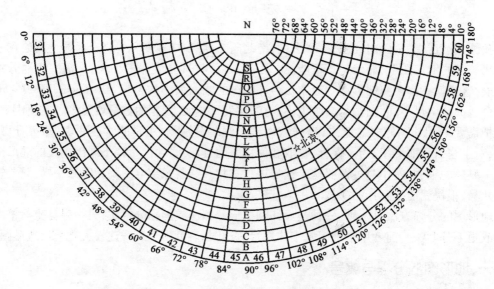

图 8-2　北半球东侧 1:100 万地图的国际分幅编号

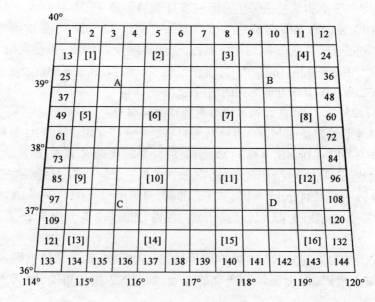

图 8-3　1:50 万、1:25 万、1:10 万比例尺地形图的分幅和编号

4. 1:5 000、1:2 000 比例尺地形图的分幅和编号

这两种比例尺图是在 1:1 万比例尺地形图图幅的基础上进行分幅和编号的。将一幅 1:1

万的图幅划分成 4 幅 1∶5 000 图幅,分别在 1∶1 万的编号后面写上代码 a、b、c、d,例如 J-50-144-(62)-b。每幅 1∶5 000 的图再划分成 9 幅 1∶2 000 的图,其编号是在 1∶5 000 图的编号后面再写上数字 1、2、…、9,例如 J-50-144-(62)-b-8。

上述各种比例尺地形图的分幅与编号方法综合列入表 8-2。

梯形分幅的图幅规格与编号　　　　　　　　　表 8-2

地形图比例尺	图幅大小		图幅包含关系	图幅编号事例
	经差	纬差		
1∶100 万	6°	4°		J-50
1∶50 万	3°	2°	1∶100 万图幅包含 4 幅	J-50-A
1∶25 万	1°30′	1°	1∶100 万图幅包含 16 幅	J-50-[1]
1∶10 万	30′	20′	1∶100 万图幅包含 144 幅	J-50-1
1∶5 万	15′	10′	1∶10 万图幅包含 4 幅	J-50-144-A
1∶2.5 万	7′30″	5′	1∶5 万图幅包含 4 幅	J-50-144-A-2
1∶1 万	3′45″	2′30″	1∶10 万图幅包含 64 幅	J-50-144-(62)
1∶5 000	1′52.5″	1′15″	1∶1 万图幅包含 4 幅	J-50-144-(62)-b
1∶2 000	37.5″	25″	1∶5 000 图幅包含 9 幅	J-50-144-(62)-b-8

二、国家基本地形图的分幅与编号

1992 年 12 月,我国颁布了《国家基本比例尺地形图分幅和编号》(GB/T 13989—92),并于 1993 年 3 月开始实施。新的分幅与编号方法如下。

1. 分幅

1∶100 万地形图的分幅标准仍按国际分幅法进行。其余比例尺的分幅均以 1∶100 万地形图为基础,按照横行数纵列数的多少划分图幅,详见表 8-3 和图 8-4。

我国基本比例尺地形图分幅　　　　　　　　　表 8-3

地形图比例尺	图幅大小		1∶100 万图幅包含关系		
	纬差	经差	行数	列数	图幅数
1∶100 万	4°	6°	1	1	1
1∶50 万	2°	3°	2	2	4
1∶25 万	1°	1°30′	4	4	16
1∶10 万	20′	30′	12	12	144
1∶5 万	10′	15′	24	24	576
1∶2.5 万	5′	7′30″	48	48	2 304
1∶1 万	2′30″	3′45″	96	96	9 216
1∶5 000	1′15″	1′52.5″	192	192	36 864

2. 编号

1∶100 万图幅的编号,由图幅所在的"行号列号"组成。与国际编号基本相同,但行与列的称谓相反。例如,北京所在 1∶100 万图幅编号为 J50。

1∶50 万与 1∶5 000 图幅的编号,由图幅所在的"1∶100 万图行号(字符码)1 位,列号(数字码)1 位,比例尺代码(字符码见表 8-4)1 位,该图幅行号(数字码见图 8-4)3 位,列号(数字码)3 位"共 10 位代码组成。

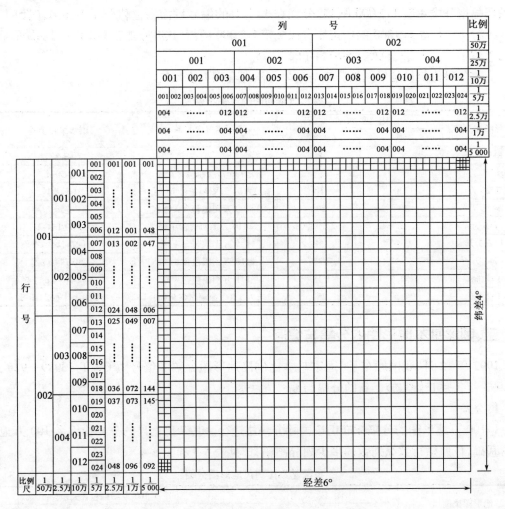

图 8-4　1:100 万 ~1:5 000 地形图行列分幅与编号

我国基本比例尺代码　　　　　　　表 8-4

比例尺	1:50 万	1:25 万	1:10 万	1:5 万	1:2.5 万	1:1 万	1:5 000
代码	B	C	D	E	F	G	H

三、地形图的正方形(或矩形)分幅与编号方法

为了适应各种工程设计和施工的需要,对于大比例尺地形图,大多按纵横坐标格网线进行等间距分幅,即采用正方形分幅与编号方法。图幅大小如表 8-5 所示。

正方形分幅的图幅规格与面积大小　　　　　　表 8-5

地形图比例尺	图幅大小(cm × cm)	实际面积(km²)	1:5 000 图幅包含数
1:5 000	40 × 40	4	1
1:2 000	50 × 50	1	4
1:1 000	50 × 50	0.25	16
1:500	50 × 50	0.062 5	64

图幅的编号一般采用坐标编号法,由图幅西南角纵坐标 x 和横坐标 y 组成编号,1:5 000 坐标值取至 km,1:2 000、1:1 000 取至 0.1km,1:500 取至 0.01km。例如,某幅 1:1 000 地形图的西南角坐标为 $x = 6\ 230$km、$y = 10$km,则其编号为 6 230.0-10.0。也可以采用基本图号法编号,即以 1:5 000 地形图作为基础,较大比例尺图幅的编号是在它的编号后面加上罗马数字。例如,一幅 1:5 000 地形图的编号为 20-60,则其他图的编号如图 8-5 所示。

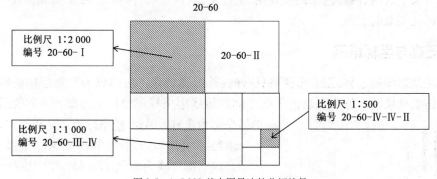

图 8-5　1:5 000 基本图号法的分幅编号

第三节　地形图的图外注记

一、图名与图号

图名是指本图幅的名称,一般以本图幅内最重要的地名或主要单位名称来命名,注记在图廓外上方的中央,如图 8-6 所示,地形图的图名为"西三庄"。

图号,即图的分幅编号,注在图名下方。如图 8-6 所示,图号为 3 510.0-220.0,它由左下角纵、横坐标组成。

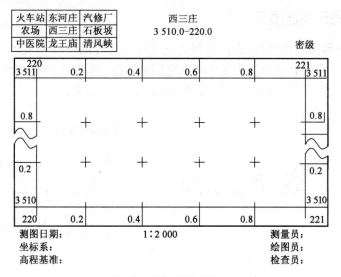

图 8-6　图名、图号、接图表

二、接图表与图外文字说明

为便于查找、使用地形图,在每幅地形图的左上角都附有相应的图幅接图表,用于说明本图幅与相邻八个方向图幅位置的相邻关系。如图 8-6 所示,中央为本图幅的位置。

文字说明是了解图件来源和成图方法的重要资料。如图 8-6 所示,通常在图的下方或左、右两侧注有文字说明,内容包括测图日期、坐标系、高程基准、测量员、绘图员和检查员等;在图的右上角标注图纸的密级。

三、图廓与坐标格网

图廓是地形图的边界,正方形图廓只有内、外图廓之分。内图廓为直角坐标格网线,外图廓用较粗的实线描绘。外图廓与内图廓之间的短线用来标记坐标值。如图 8-7 所示,左下角的纵坐标为 3 510.0km,横坐标为 220.0km。

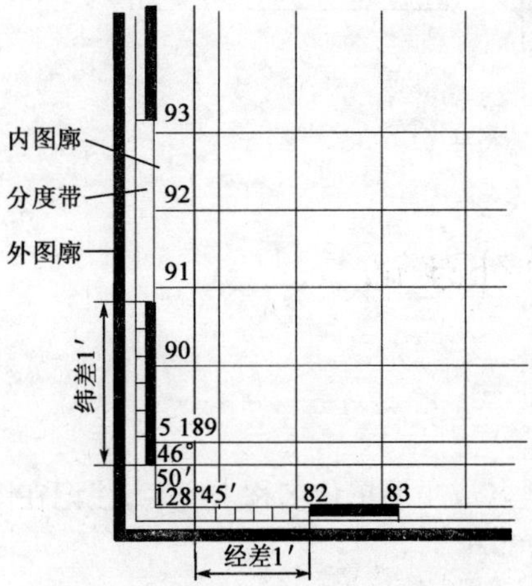

由经纬线分幅的地形图,内图廓呈梯形,如图 8-7 所示。西图廓经线为东经 128°45′,南图廓纬线为北纬 46°50′,两线的交点为图廓点。内图廓与外图廓之间绘有黑白相间的分度带,每段黑白线长表示经纬差 1′。连接东西、南北相对应的分度带值便得到大地坐标格网,可供图解点位的地理坐标使用。分度带与内图廓之间注记以千米(km)为单位的高斯直角坐标值。图 8-7 中左下角从赤道起算的 5 189km 为纵坐标,其余的 90、91 等为省去千、百两位 51 的公里数。横坐标为 22 482km,其中 22 为该图所在的投影带号,482km 为该纵线的横坐标值。纵横线构成了公里格网。在四边的外图廓与分度带之间注有相邻接图号,供接边查用。

图 8-7　图廓与坐标格网(尺寸单位:km)

四、直线比例尺与坡度尺

直线比例尺也称图示比例尺,它是将图上的线段用实际的长度来表示,如图 8-8a)所示。因此,可以用分规或直尺在地形图上量出两点之间的长度,然后与直线比例尺进行比较,就能直接得出该两点间的实际长度值。三棱比例尺也属于直线比例尺。

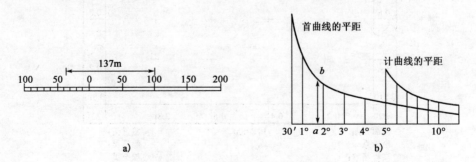

图 8-8　直线比例尺与坡度(尺寸单位:m)

　　为了便于在地形图上量测两条等高线（首曲线或计曲线）之间两点直线的坡度，通常在中、小比例尺地形图的南图廓外绘有图解坡度尺，如图 8-8b）所示。坡度尺是按等高距与平距的关系 $d = h \cdot \tan\alpha$ 制成的。在底线上以适当比例定出 0、1°、2° 等各点，并在点上绘垂线。将相邻等高线平距 d 与各点角值 α_i 按关系式求出相应平距 d_i。然后，在相应点垂线上按地形图比例尺截取 d_i 值定出垂线顶点，再用光滑曲线连接各顶点而成。应用时，用卡规在地形图上量取量等高线 a、b 点平距 ab，通过在坡度尺上比较，即可查得 ab 的角值约为 1°45′。

五、三北方向

　　中、小比例尺地形图的南图廓线右下方，通常绘有真北、磁北和轴北之间的角度关系，如图 8-9 所示。利用三北方向图，可对图上任一方向的真方位角、磁方位角和坐标方位角进行相互换算。

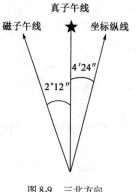

图 8-9　三北方向

第四节　地形图的图式

一、地物符号

　　地面上的地物，如房屋、道路、河流、森林、湖泊等，其类别、形状和大小及其地图上的位置，都是用规定的符号来表示的，称为地物符号，见表 8-6。根据地物的大小及描绘方法的不同，地物符号分为以下几大类。

地 物 符 号　　　　表 8-6

编号	符号名称	图例	编号	符号名称	图例
1	坚固房屋 4——房屋层数	坚4　1.5 ▨	5	花圃	1.5 1.5 10.0 10.0
2	普通房屋 2——房屋层数	2　1.5 ▨	6	草地	1.5 0.8 10.0 10.0
3	窑洞 1.住人的 2.不住人的 3.地面下的	2.5 2.0 1 2 ⌂ 3	7	经济作物地	0.8 3.0 蔗 10.0 10.0
4	台阶	0.5 0.5 0.5	8	水生经济作物地	3.0 藕 0.5

编号	符号名称	图例	编号	符号名称	图例
9	水稻田	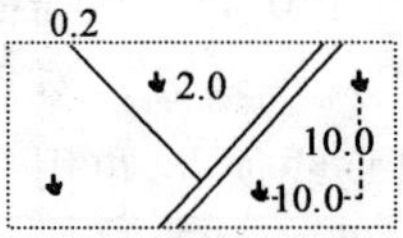 0.2 ↓ 2.0 10.0 10.0	15	电杆	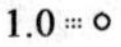 1.0 ⊙
10	旱地	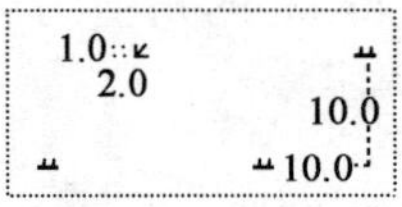 1.0 2.0 10.0 10.0	16	电线架	
11	灌木林	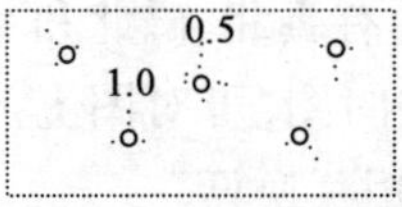 0.5 1.0	17	砖、石及混凝土围墙	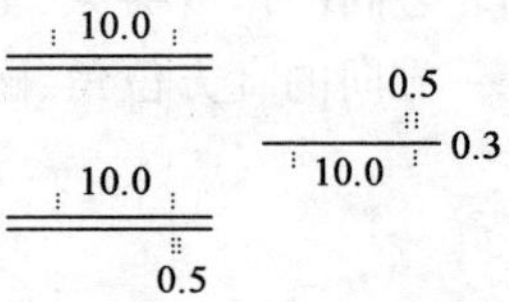 10.0 0.5 10.0 0.3
12	菜地	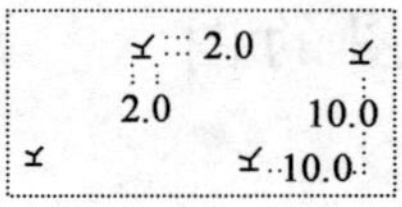 2.0 2.0 10.0 10.0	18	土围墙	10.0 0.5
13	高压线	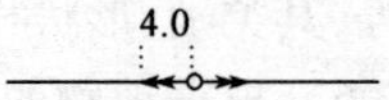 4.0	19	棚栏、栏杆	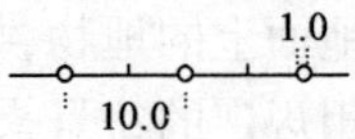 1.0 10.0
14	低压线	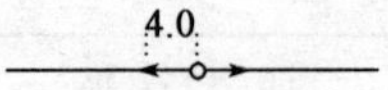 4.0	20	篱笆	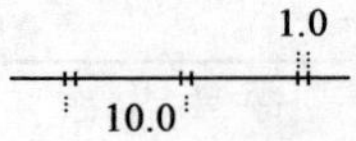 1.0 10.0

1. 比例符号

轮廓较大的地物,如房屋、运动场、湖泊、森林、田地等,能按比例尺把它们的形状、大小和位置缩绘在图上,称为比例符号。这类符号表示地物的轮廓特征。

2. 非比例符号

轮廓较小的地物,或无法将其形状和大小按比例画到图上的地物,如三角点、水准点、独立树、里程碑、水井和钻孔等,则采用一种统一规格、概括形象特征的象征性符号表示,这种符号称为非比例符号。这类符号只表示地物的中心位置,不表示地物的形状和大小。

3. 半比例符号

对于一些带状延伸地物,如河流、道路、电线、管道、垣栅等,其长度可按测图比例尺缩绘,而宽度无法按比例表示的符号称为半比例符号。这种符号一般表示地物的中心位置,但是城墙和垣栅等,其准确位置在其符号的底线上。

4. 地物注记

对地物加以说明的文字、数字或特定符号,称为地物注记,如地区、城镇、河流、道路名称;江河的流向、道路去向以及林木、田地类别等说明。

二、等高线

1. 等高线原理

等高线是地面相邻等高点相连接的闭合曲线。一簇等高线在图上不仅能表达地面起伏变化的形态,而且还具有一定的立体感。如图 8-10 所示,设有一座小山头的山顶被水恰好淹没时的水面高程为 50m,水位每退 5m,则坡面与水面的交线即为一条闭合的等高线,其相应高程为 45m、40m、35m。将地面各交线垂直投影在水平面上,按一定比例尺缩小,从而得到一簇表现山头形状、大小、位置以及它起伏变化的等高线。

相邻等高线之间的高差 h,称为等高距或等高线间隔,在同一幅地形图上,等高距是相同的;相邻等高线间的水平距离 d,称为等高线平距。由图 8-10 可知,d 越大,表示地面坡度越缓,反之越陡。坡度与平距成反比。

用等高线表示地貌,等高距选择过大,就不能精确显示地貌;反之,选择过小,等高线密集,失去图面的清晰度。因此,应根据地形和比例尺,参照表 8-7 选用等高距。

地形图的基本等高距

表 8-7

地形类别	比 例 尺				备　注
	1:500	1:1 000	1:2 000	1:5 000	
平地	0.5	0.5	1	2	等高距为 0.5m 时,特征点高程可注至厘米(cm),其余均为注至分米(dm)
丘陵	0.5	1	2	5	
山地	1	1	2	5	

按表 8-7 选定的等高距称为基本等高距,同一幅图只能采用一种基本等高距。等高线的高程应为基本等高距的整倍数。按基本等高距描绘的等高线称首曲线,用细实线描绘;为了读图方便,高程为 5 倍基本等高距的等高线用粗实线描绘并注记高程,称为计曲线;在基本等高线不能反映地面局部地貌的变化时,可用二分之一基本等高距用长虚线加密的等高线,称为间曲线;更加细小的变化还可用四分之一基本等高距用短虚线加密的等高线,称为助曲线,如图 8-11 所示。

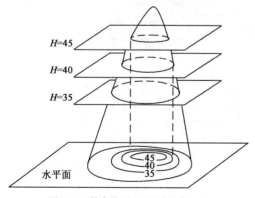

图 8-10　等高线原理(尺寸单位:m)

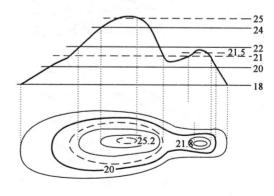

图 8-11　各种等高线(高程单位:m)

2. 等高线表示典型地貌

地貌形态繁多,但主要由一些典型地貌的不同组合而成。要用等高线表示地貌,关键在于

掌握等高线表达典型地貌的特征。典型地貌有:

(1)山头和洼地(盆地)。如图 8-12 所示的山头和洼地的等高线,其特征等高线表现为一组闭合曲线。

在地形图上区分山头或洼地可采用高程注记或示坡线的方法。高程注记可在最高点或最低点上注记高程,或通过等高线的高程注记字头朝向确定山头(或高处);示坡线是从等高线起向下坡方向垂直于等高线的短线,示坡线从内圈指向外圈,说明中间高,四周低。由内向外为下坡,故为山头或山丘;示坡线从外圈指向内圈,说明中间低,四周高,由外向内为下坡,故为洼地或盆地。

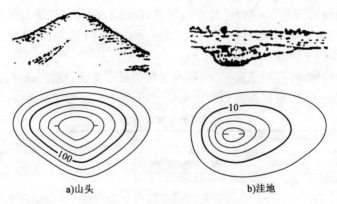

a)山头　　　　　　　b)洼地

图 8-12　山头和洼地(高程单位:m)

(2)山脊和山谷。山脊是沿着一定方向延伸的高地,其最高棱线称为山脊线,又称分水线。图 8-13 中,S 所示山脊的等高线是一组向低处凸出为特征的曲线。山谷是沿着一个方向延伸的两个山脊之间的凹地,贯穿山谷最低点的连线称为山谷线,又称集水线,如图 8-13 中 T 所示,山谷的等高线是一组向高处凸出为特征的曲线。

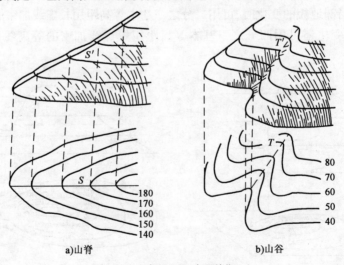

a)山脊　　　　　　　b)山谷

图 8-13　山脊和山谷(高程单位:m)

山脊线和山谷线是显示地貌基本轮廓的线,统称地性线,它在测图和用图中都有重要作用。

（3）鞍部。鞍部是相邻两山头之间低凹部位呈马鞍形的地貌,如图8-14所示。鞍部(K点)俗称垭口,是两个山脊与两个山谷的会合处,等高线由一对山脊和一对山谷的等高线组成。

（4）陡崖和悬崖。陡崖是坡度在70°以上的陡峭崖壁,有石质和土质之分,图8-15所示为石质陡崖的表示符号。悬崖是上部突出中间凹进的地貌,这种地貌的等高线如图8-16所示。

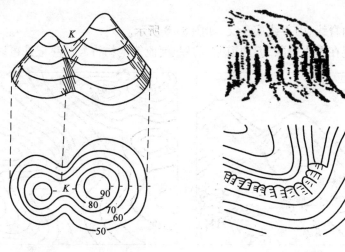

图8-14　鞍部(高程单位:m) 　　　　　　　　　　图8-15　陡崖

（5）冲沟。冲沟又称雨裂,如图8-17所示,它是具有陡峭边坡的深沟,因为边坡陡峭而不规则,所以用锯齿形符号来表示。

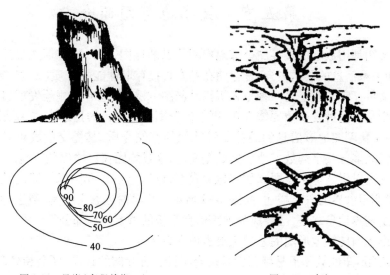

图8-16　悬崖(高程单位:m) 　　　　　　　　　图8-17　冲沟

熟悉了典型地貌等高线特征,就容易识别各种地貌。图8-18是某地区综合地貌示意图及其对应的等高线图,读者可自行对照阅读。

3.等高线的特性

根据等高线的原理和典型地貌的等高线,可得出等高线的如下特性:

（1）同一条等高线上的点，其高程必相等。

（2）等高线均是闭合曲线，如不在本图幅内闭合，则必在图外闭合，故等高线必须延伸到图幅边缘。

（3）除在悬崖或绝壁处外，等高线在图上不能相交或重合。

（4）等高线的平距小，表示坡度陡，平距大则坡度缓，平距相等则坡度相等，平距与坡度成反比关系。

（5）等高线和山脊线、山谷线成正交，如图 8-18 所示。

（6）等高线不能在图内中断，但遇道路、房屋、河流等地物符号和注记处可以局部中断。

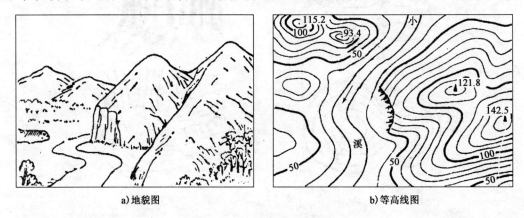

a) 地貌图　　　　　　　　　　　　b) 等高线图

图 8-18　地貌与等高线（高程单位:m）

第五节　数字地形图简介

数字地形图是用数字形式存储全部地形图信息的地图，是以数字形式描述地形图要素的属性、定位和关系信息的数据集合，是存储在具有直接存取性能的介质（磁盘、硬盘和光盘）上的关联数据文件。它实质上是一种全解析机助测图方法，在地形图测绘发展过程中是一次根本性的技术变革。这种变革主要体现在：图解法测图的最终目的是地形图，图纸是地形信息的唯一载体；数字化测图地形信息的载体是计算机的存储介质，其提交的成果是可供计算机处理、远距离传输、多方共享的数字地形图数据文件，通过绘图仪可输出数字地形图。另外，利用数字化地形图可以生成电子地图和数字地面模型，以数学描述和图像描述的数字地形表达方式，可实现对客观世界的三维描述，如图 8-19 所示。更具深远意义的是，数字地形信息作为地理空间数据的基本信息之一，已经成为地理信息系统的重要组成部分。

数字地形图与传统地形图的差异主要表现在以下几个方面：

（1）数字地形图的载体不是纸张而是适合于计算机存储的软盘、硬盘和光盘等。

（2）数字地形图不像传统地形图那样以画线、颜色、符号、注记来表示地物类别和地形，而是以一定的计算机可识别的数字代码系统地反映地表各类地理属性特征。

（3）数字地形图是以数字形式按 1∶1 比例尺储存的数字地形信息，没有比例尺的限定和固定的图幅大小。数字地形图并不是依某一固定比例尺和固定的图幅大小来储存一幅地形图，用户可以根据需要，在一定比例尺范围内输出不同比例尺和不同图幅大小的地形图，输出各种分层叠合的专用地图。例如,以地籍边界和建筑物、土地利用分类为主的地籍图;以地下管线以及两侧建筑物为主的地下管线图等。

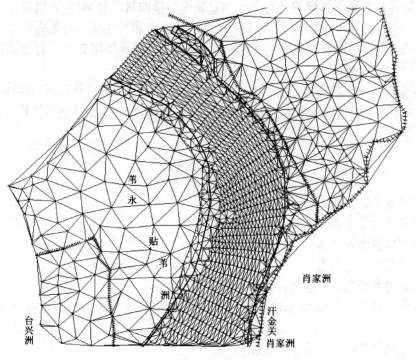

图8-19　数字地面模型示意图

(4)数字地形图以数字形式表示地形图的内容。地形图的内容由地形图图形和文字注记两个部分组成。地形图图形可以分解为点、线、面三种图形元素,而点是最基本的图形元素。数字地形图以数字坐标方式表示地物和地貌的空间位置,以数字代码表示地形符号、说明注记和地理名称。数字地形图要求精确真实地反映地表所包含的全部人工和自然的地形要素。在城市地物复杂地区,如果把地表的全部地形要素绘在一幅地形图上,那就很不清晰,因此通常按不同用途分成几种数字地形图,例如城市地形图、地籍图和地下管线图等。数字地形图的内容要满足多用户的需要,进行分层储存,例如将地物分为控制点、建筑物、行政边界和地籍边界、道路、管线、水系以及植被等,而地貌则以数字地面模型表示,即以规则网点的平面位置和高程表示。数字地形图可以包含地表的全部空间位置信息,还可将与空间位置有关的非图形信息一起在信息系统中进行管理。

(5)数字地形图能够较好地保持其现势性。城市的发展加速了城市建筑物和城市结构的变化,城镇地籍中地界也经常发生变化,这都需要对地形图进行连续更新。这种更新测量利用传统的方法和摄影测量的方法都是很麻烦的。采用地面数字测量方法能够克服地形图连续更新的困难,只要将地形图变更的部分输入计算机,通过数据处理即可对原有的数字图和有关的信息作相应的更新,使地形图有良好的现势性。

(6)数字地形图的精度高于传统地形图。传统图解地形图的精度,根据城市测量规范规定,图上地物点相对于邻近图根点的点位中误差为图上0.5mm,在1:500比例尺地形图上相对

127

于地面距离为 25cm。即使提高碎部测量精度,但手工绘图的精度也很难高于图上 0.2mm,在 1:500 比例尺地形图上则相当于实地距离为 10cm。随着现代城市的发展,在大比例尺城市测图中,有必要提高重要建筑物和界址点的测量精度。地面数字化测图,在野外采用全站仪测量,具有较高的位置测量精度,按目前的测量技术,地物点相对于邻近控制点的位置精度可达 5cm。用自动绘图仪依据数字地形图绘制图解地形图,其位置精度均匀。自动绘图仪的精度一般高于手工绘制的精度。

地形图是为满足工程建设的需要而施测的。在工程建设中。计算机辅助设计已经广泛应用,这种情况下为工程设计提供的地形图也必须以数字形式表示,以便能用计算机进行存取和处理。

复习思考题

1. 地图的基本特征有哪些?

2. 地图的构成要素是什么?

3. 如何对地图进行分类?

4. 地图的比例尺有哪些? 比例尺精度是什么? 其作用有哪些?

5. 地物符号有哪几种? 各有什么特点?

6. 等高线是什么? 在同一幅图上,等高距、等高线平距与地面坡度三者之间的关系是什么?

7. 地形图的图外注记包括哪些内容?

8. 数字地图是什么? 数字地图有哪些特征?

第九章　机场勘测规划阶段的测量工作

第一节　机场勘测规划阶段的测量工作

机场勘测规范中将机场勘测分为选址勘测(选勘)、定点勘测(定勘)和详细勘测(详勘)三个阶段,并给出了各阶段测量工作的具体要求。

一、选址勘测阶段的测量工作

选址勘测是根据任务要求,在指定的勘选地区范围内,初步选出适合于机场建设的若干场址,为定勘提供依据。出发前应首先在1:50 000地形图上作业,按机场位置要求,选出若干可供选择机场的场址,并初步搜集交通、气象、地质、测绘、水文等资料,拟定好现场勘测计划,然后到实地进行踏勘工作。经现场踏勘,对初步认为具备基本条件的场址,测量人员应进行如下的测量工作。

1. 飞行场地、飞机洞库和地下油库区的1:10 000地形草测图

草测图的面积,依飞行场地、飞机洞库和地下油库的规划需要而定。草测图要测绘出主要的地形地物。对测区附近具有明显方位的地物点亦应测绘于图上。草测图的精度以不出现粗差为原则。若当地已有1:10 000或1:5 000地形图可利用时,则不必测图,但必须到现场进行检查核对以及补测新增地物,并将实地规划方案,通过与原测图控制点联测或与明显地物的关系位置,标绘于图上。

2. 净空草测图

净空草测图是在1:50 000地形图上进行,即通过联测将拟定的跑道位置绘于地形图上,并通过前方交会法补测可能影响飞机起飞和着陆安全的人工障碍物及近净空区的自然障碍物。

二、定点勘测阶段的测量工作

定勘是在选勘的基础上,对选勘阶段选出的认为有定勘价值的一个或几个场址,作进一步勘测比较,为定点和编制设计任务书提供结论性意见。

定勘阶段工作,着重于复查初勘阶段规划的飞行场地、飞机洞库和地下油库,初步选出跑道位置,以及飞机洞库和地下油库的口部和轴线。并依地形条件,根据各营区、库区的布置要求,初选各区位置,规划总体布局方案。在这一阶段中,测量人员需进行如下的测量工作。

1. 测绘机场飞行场地、各营区、库区的勘选方案范围内的1:10 000地形图

1:10 000地形图供规划总体布局方案使用,其测图面积与机场等级、机场规模、地形条件、是否构筑洞库等因素有关,一般在10~50km²。

总体布局方案地形图,是机场测量工作中的一项主要任务。该图主要作为规划方案用图,结合机场的实际情况,图的内容与测绘除按国家规范及图式执行外,还需满足如下要求:

(1)凡具有方位意义的目标均应测绘。

(2)凡涉及占用耕地、经济园林、植被等境界应绘出,并注记说明。

(3)居民点测其轮廓,要注记村名、户数、人数。

(4)泉源、水井、池塘、钻孔、探井等主要地物应全部绘于图上。

2.测绘飞机洞库区和地下油库区的 1:2 000 地形图

测绘飞机洞库区和地下油库区的 1:2 000 地形图主要是供飞机洞库和地下油库的平面规划设计使用。地形测图控制可布设成挂靠在场区控制网上的独立控制网。

3.净空测量

对测绘净空区障碍物进行精确测量,将其标注在 1:50 000 地形图上。

三、详勘阶段的测量工作

详勘是根据批准的设计任务书,在设计人员现场指导下,为配合初步设计提供资料而进行的测量工作。这一阶段测量人员的主要工作内容是进行各区的大比例尺地形图和各种线路测量。

(1)测绘飞行场 1:2 000 地形图。

(2)测绘各营区、库区的 1:1 000 地形图。

(3)测绘飞机洞库、地下油库的口部,以及地下指挥所、发信台、对空台的 1:500 地形图。

(4)拖机道、公路、排水线路、输油管路、输电线路的纵、横断面测量,以及地形复杂地段的带状地形图测量。

(5)远、近距导航台定位测量及导航台位置附近的 1:500 地形图测量。

综上所述,三个阶段的勘测工作中所包含的测量工作主要有:大比例尺地形图测量、净空测量、导航台站测量、断面测量和基本图上作业等内容。

第二节　大比例尺地形图的测绘

一、测图前的准备工作

1.图纸准备

大比例尺地形图的图幅大小一般为 50cm×50cm、50cm×40cm、40cm×40cm。为保证测图的质量,应选择优质绘图纸。一般临时性测图,可直接将图纸固定在图板上进行测绘;需要长期保存的地形图,为减少图纸的伸缩变形,通常将图纸裱糊在锌板、铝板或胶合板上。目前各测绘部门大多采用聚酯薄膜代替绘图纸,它具有透明度好、伸缩性小、不怕潮湿、牢固耐用等特点。聚酯薄膜图纸的厚度为 0.07~0.1mm,表面打毛,可直接在底图上着墨复晒蓝图,如果表面不清洁,还可用水洗涤,因而方便和简化了成图的工序。但聚酯薄膜易燃、易折和老化,故在使用保管过程中应注意防火防折。

2. 绘制坐标格网

为了准确地将控制点展绘在图纸上,首先要在图纸上绘制 10cm×10cm 的直角坐标格网。绘制坐标格网的工具和方法很多,如可用坐标仪或坐标格网尺等专用仪器工具。坐标仪是专门用于展绘控制点和绘制坐标格网的仪器;坐标格网尺是专门用于绘制格网的金属尺,它们是测图单位的一种专用设备。下面介绍对角线法绘制格网。

如图 9-1 所示,先用直尺在图纸上绘出两条对角线,从交点 O 为圆心沿对角线量取等长线段,得 a、b、c、d 点,用直线顺序连接 4 点,得矩形 abcd。再从 a、d 两点起各沿 ab、dc 方向每隔 10cm 定一点;从 d、c 两点起各沿 da、cb 方向每隔 10cm 定一点,连接矩形对边上的相应点,即得坐标格网。坐标格网是测绘地形图的基础,每一个方格的边长都应该准确,纵横格网线应严格垂直。因此,坐标格网绘好后,要进行格网边长和垂直度的检查。小方格网的边长检查,可用比例尺量取,其值与 10cm 的误差不应超过 0.2mm;小方格网对角线长度与 14.14cm 的误差不应超过 0.3mm。方格网垂直度的检查,可用直尺检查格网的交点是否在同一直线上(如图 9-1 中 mn 直线),其偏离值不应超过 0.2mm。如检查值超过限差,应重新绘制方格网。

3. 展绘控制点

展绘控制点前,首先要按图的分幅位置,确定坐标格网线的坐标值,也可根据测图控制点的最大和最小坐标值来确定,使控制点安置在图纸上的适当位置,坐标值要注在相应格网边线的外侧,如图 9-2 所示。

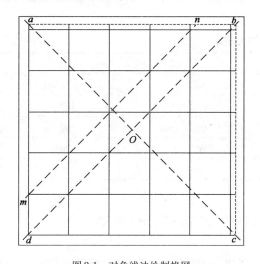

图 9-1　对角线法绘制格网

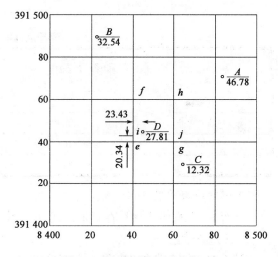

图 9-2　控制点展绘(尺寸单位:m)

按坐标展绘控制点,先要根据其坐标,确定所在的方格。例如,控制点 D 的坐标为 x_D = 420.34m,y_D = 423.43m。根据 D 点的坐标值,可确定其位置在 efgh 方格内。分别从 ef 和 gh 按测图比例尺各量取 20.34m,得 i、j 两点;然后从 i 点开始沿 ij 方向按测图比例尺量取 23.43m,得 D 点。同理可将图幅内所有控制点展绘在图纸上,最后用比例尺量取各相邻控制点间的距离作为检查,其距离与相应的实地距离的误差不应超过图上 0.3mm。在图纸上的控制点要注记点名和高程,一般可在控制点的右侧以分数形式注明,分子为点名,分母为高程,如图 9-2 中 A 点、……、D 点。

二、碎部测量

碎部测量是以控制点为测站,测定周围碎部点的平面位置和高程,并按规定的图示符号绘制成图。

1. 碎部点的选择

地物、地貌的特征点统称地形特征点,正确选择地形特征点是碎部测量中十分重要的工作,它是地形测绘的基础。地物特征点,一般选在地物轮廓的方向线变化处,如房屋角点、道路转折点或交叉点、河岸水涯线或水渠的转弯点等。连接这些特征点,就能得到地物的相似形状。对于形状不规则的地物,通常要进行取舍。一般的规定是主要地物凸凹部分在地形图上大于0.4mm时均应测定出来;小于0.4mm时可用直线连接。一些非比例表示的地物,如独立树、纪念碑和电线杆等独立地物,则应选在中心点位置。地貌特征点,通常选在最能反映地貌特征的山脊线,山谷线等地形线上,如山顶、鞍部、山脊、山谷、山坡、山脚等坡度或方向的变化点,即图9-3所示的立尺点。利用这些特征点勾绘等高线,才能在地形图上真实地反映出地貌来。

图9-3 地貌特征点

碎部点的密度应该适当,过稀不能详细反映地形的细小变化,过密则增加野外工作量,造成浪费。碎部点在地形图上的间距约为2~3cm,各种比例尺的碎部点间距可参考表9-1。在地面平坦或坡度无显著变化地区,地貌特征点的间距可以采用最大值。

碎部点间距和最大视距　　　　　　　　　　　　　　表9-1

测图比例尺	地形点最大间距(m)	最 大 视 距 (m)	
		主要地物点	次要地物点和地形点
1:500	15	60	100
1:1 000	30	100	150
1:2 000	50	180	250
1:5 000	100	300	350

2. 地物地貌的描绘

工作中,当碎部点展绘在图上后,就可在碎部测量对照实地描绘地物和等高线。

(1)地物描绘

描绘的地形图要按图式规定的符号表示地物。依比例描绘的房屋,轮廓要用直线连接,道路、河流的弯曲部分要逐点连成光滑的曲线。不依比例描绘的地物,需按规定的非比例符号表示。

(2)等高线勾绘

因为等高线表示的地面高程均为等高距h的整倍数,所以需要在两个碎部点之间内插以h为间隔的等高点。内插是在同坡段上进行。下面介绍两种常见方法。

①目估法。如图9-4a)所示,某局部地区地貌特征点的相对位置和高程已测定在图纸上。首先连接地形线上同坡段的相邻特征点ba、bc等,虚线表示山脊线,实线表示山谷线,然后在

同坡段上,按高差与平距成比例的关系内差等高点,勾绘等高线。已知 a、b 点平距为 35mm(图 9-4 中量取),高差 $h_{ab}=48.5\text{m}-43.1\text{m}=5.4\text{m}$,如勾绘等高距为 1m 的等高线,共有五根线穿过 ab 段,两根间的平距 $d=6.7\text{mm}$(由 $d:35=1:5.4$ 求得)。a 点至第一根等高线的高差为 0.9m,不是 1m,以高差 1m 的平距 d 为标准,适当缩短(将 d 分为 10 份,取 9 份),目估定出 44m 的点;同法在 b 点定出 48m 的点。然后将首尾点间的平距 4 等分定出 45m、46m、47m 各点;同理,在 bc、bd、be 段上定出相应的点,如图 9-4b)所示。最后将相邻等高的点,参照实地的地貌用圆滑的曲线徒手连接起来,构成一簇等高线,如图 9-4c)所示。

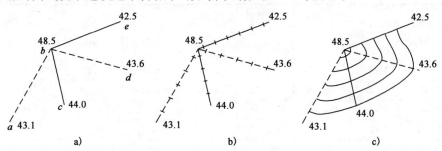

图 9-4　目估法勾绘等高线尺寸(高程单位:m)

②图解法。绘一张等间隔若干条平行线的透明纸,蒙在勾绘等高线的图上,转动透明纸,使 a、b 两点分别位于平行线间的 0.9m 和 0.5m 的位置上,如图 9-5 所示,则直线 ab 和五条平行线的交点便是高程为 44m、45m、46m、47m 及 48m 的等高线位置。

3. 测图方法

1)经纬仪(光电测距仪)测绘法

(1)仪器安置。如图 9-6 所示,在测站 A 安置经纬仪,量取仪器高 i,填入手簿,在视距尺上用红布条标出仪器高的位置 v,以便照准。将水平度盘读数配置为 $0°$,照准控制点 B,作为后视点的起始方向,并用视距法测定其距离和高差填入手簿,以便进行检查。当测站周围碎部点测完后,再重新照准后视点检查水平度盘零方向,在确定变动不大于 $2'$ 后,方能撤站。测图板置于测站旁。

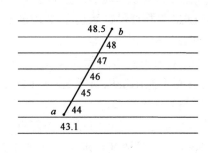

图 9-5　图解法内插等高线(高程单位:m)

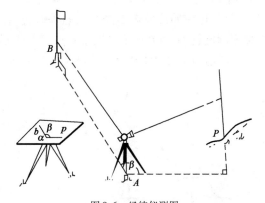

图 9-6　经纬仪测图

(2)跑尺。在地形特征点上立尺的工作通称跑尺。立尺点的位置、密度、远近及跑尺的方法影响成图的质量和功效。立尺员在立尺之前,应弄清实测范围和实地情况,选定立尺点,并与观测员、绘图员共同商定跑尺路线,依次将尺立置于地物、地貌特征点上。

(3)观测。将经纬仪照准地形点 P 的标尺,中丝对准视仪器高处的红布条(或另一位置读数),上下丝读取视距间隔 l,并读取竖盘读数 L 及水平角 β,记入手簿进行计算(表9-2)。然后将 β_P、D_P、H_P 报给绘图员。同法测定其他各碎部点,结束前,应检查经纬仪的零方向是否符合要求。

地 形 测 量 手 簿　　　　　　　　　　　　　　　　表9-2

测站:A4　　　后视点:A3　　　仪器高 i:1.42m　　　指标差 x:−1.0′　　　测站高程 H:207.40m

点号	视距 $K \cdot l$ (m)	中丝读数 v	水平角 β (° ′)	竖盘读数 L (° ′)	竖直角 α (° ′)	高差 h (m)	水平距离 D (m)	高程 (m)	备注
1	85.0	1.42	160 18	85 48	4 11	6.18	84.55	213.58	水渠
2	13.5	1.42	10 58	81 18	8 41	2.02	13.19	209.42	
3	50.6	1.42	234 32	79 34	10 25	9.00	48.95	216.40	
4	70.0	1.60	135 36	93 42	− 3 43	− 4.71	69.71	202.69	电杆
5	92.2	1.00	34 44	102 24	− 12 25	− 18.94	87.94	188.46	

(4)绘图。绘图是根据图上已知的零方向,在 a 点上用量角器定出 ap 方向,并在该方向上按比例尺针刺 D_P 定出 p 点;以该点为小数点注记其高程 H_P。同理展绘其他各点,并根据这些点绘图。测绘地物时,应对照外轮廓随测随绘。测绘地貌时,应对照地形线和特殊地貌外缘点勾绘等高线和描绘特征地貌符号。勾绘等高线时,应先勾出计曲线,经对照检查无误,再加密其余等高线。

用光电测距仪测绘地形图与用经纬仪的测绘方法基本一致,只是距离的测量方式不同。根据斜距 S、竖盘读数 L、仪器高 i 和棱镜高 v,就可算出 D 和 H,再加 β 角,即可展绘点位。

2)小平板仪与经纬仪联合测图法

如图9-7所示,安置经纬仪在测站 M 附近 1～2m 的 M 点,视距尺立于 M 点上,使经纬仪盘左竖盘读数 L 为 90°视线水平,瞄准视距尺读数 v,量取仪器高 i,可计算出 M′ 点的高程($H_{M'} = H_M + v - i$)。然后安置平板仪于 M 点,用照准器瞄准 N 点,以图中 mn 进行定向。小平板定向好后,再用照准器瞄准经纬仪的垂球线,在图上画出直线方向线 mm′,将量取的 MM′ 的距离按比例尺展 M′ 点在图上,定出 m′ 点。测图时,测图员以照准器直尺边缘切于图上 m 点,瞄准立在碎部点 P 的视距尺,在图纸上画出方向线 mp。同时经纬仪司镜员也瞄准 P 点,用视距法测出 M′P 的水平距离 $D_{M'P}$ 和高差 $h_{M'P}$,并报给测图员。在图板上测图员以 m′ 为圆心,以比例尺 $D_{M'P}$ 为半径,与 mm′ 方向线相交得 p 点,并在点旁注高程。依同样方法,可测绘其他碎部点。

在一些测图中,对于精度要求高的主要地物点,如厂房角点、地下管线检查井、烟囱中心等,当视距测量的精度不能满足要求时,可用经纬仪测水平角,钢尺丈量距离,水准仪测高差,以满足点位需要。

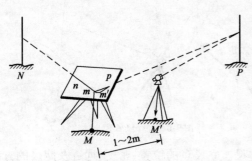

图9-7　小平板与经纬仪测图

3）全站仪数字化测图法

（1）全站仪测图模式

结合不同的电子设备，全站仪数字化测图主要有如图9-8所示的三种模式。

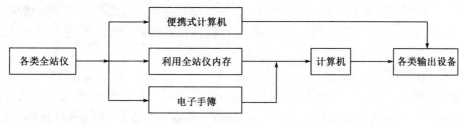

图9-8 全站仪地形测图模式

①全站仪结合电子平板模式

该模式是以便携式计算机作为电子平板，通过通信线直接与全站仪通信、记录数据，实时成图。因此，它具有图形直观、准确性强、操作简单等优点，即使在地形复杂地区，也可现场测绘成图，避免野外绘制草图。目前这种模式的开发与研究相对比较完善，因为便携式计算机性能和测绘人员综合素质不断提高，所以它符合今后的发展趋势。

②直接利用全站仪内存模式

该模式使用全站仪内存或自带记忆卡，把野外测得的数据通过一定的编码方式，直接记录，同时野外现场绘制复杂地形草图，供室内成图时参考对照。因此，它操作过程简单，无须附带其他电子设备；对野外观测数据直接存储，纠错能力强，可进行内业纠错处理。随着全站仪存储能力的不断增强，此方法进行小面积地形测量时，具有一定的灵活性。

③全站仪加电子手簿或高性能掌上计算机模式

该模式通过通信线将全站仪与电子手簿或掌上计算机相连，把测量数据记录在电子手簿或便携式计算机上，同时可以进行一些简单的属性操作，并绘制现场草图。内业时把数据传输到计算机中，进行成图处理。它携带方便，掌上计算机采用图形界面交互系统，可以对测量数据进行简单的编辑，减少内业工作量。随着掌上计算机处理能力的不断增强，科技人员正在进行针对全站仪的掌上计算机二次开发工作，此方法会在实践中进一步完善。

（2）全站仪数字测图过程

全站仪数字化测图，主要分为准备工作、数据获取、数据输入、数据处理、数据输出五个阶段。在准备工作阶段，包括资料准备、控制测量、测图准备等，与传统地形测图一样，在此不再赘述。现以实际生产中普遍采用的全站仪加电子手簿测图模式为例，从数据采集到成图输出，介绍全站仪数字化测图的基本过程。

①野外碎部点采集

一般用"解算法"进行碎部点测量采集，用电子手簿记录三维坐标(x, y, H)及其绘图信息。既要记录测站参数、距离、水平角和竖直角的碎部点位置信息，还要记录编码、点号、连接点和连接线型四种信息，在采集碎部点时要及时绘制观测草图。

②数据传输信

用数据通信线连接电子手簿和计算机，把野外观测数据传输到计算机中，每次观测的数据要及时传输,避免数据丢失。

③数据处理

数据处理包括数据转换和数据计算。数据处理是对野外采集的数据进行预处理,检查可能出现的各种错误;把野外采集到的数据编码,使测量数据转化成绘图系统所需的编码格式。数据计算是针对地貌关系的,当测量数据输入计算机后,生成平面图形、建立图形文件、绘制等高线。

④图形处理与成图输出

编辑、整理经数据处理后所生成的图形数据文件,对照外业草图,修改整饰新生成的地形图,补测重测存在漏测或测错的地方。然后加注高程、注记等,进行图幅整饰,最后成图输出。

4)RTK 数字化测图法

(1)实时动态定位技术(RTK)

实时动态定位技术(Real Time Kinematic,RTK),是以载波相位观测量为根据的实时差分GPS 测量技术,它是 GPS 测量技术发展中的一个新突破。GPS 测量工作的模式已有多种,如静态、快速静态、准动态和动态相对定位等。但是,这些测量模式如果不与数据传输系统相结合,其定位结果均需通过观测数据的测后处理而获得。由于观测数据需在测后处理,上述各种测量模式不仅无法实时地给出观测站的定位结果,而且也无法对基准站和用户站观测数据的质量进行实时检核。因而难以避免在数据后处理中发现不合格的测量成果,需要进行返工重测的情况。

以往解决这一问题的措施,主要是延长观测时间以获得大量的多余观测量,来保障测量结果的可靠性。但是上述措施显著降低了 GPS 测量工作的效率。

实时动态测量的基本思想是:在基准站上安置一台 GPS 接收机,对所有可见 GPS 卫星进行连续地观测,并将其观测数据,通过无线电传输设备,实时发送给用户观测站。在用户站上,GPS 接收机在接收 GPS 卫星信号的同时,通过无线电接收设备接受基准站传输的观测数据,然后根据相对定位的原理,实时计算并显示用户站的三维坐标及其精度,其原理如图 9-9 所示。RTK 是能够在野外实时得到厘米(cm)级定位精度的测量方法。

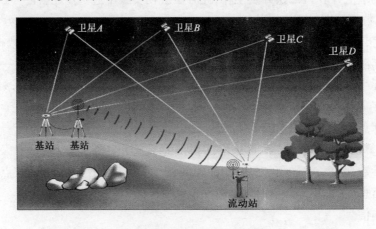

图 9-9　RTK 测量原理图

RTK 测量系统用于地形图测量时,仅需一人背着仪器在要测的地物地貌碎部点呆上 1 ~ 2s,并同时输入特征编码,通过手簿实时掌握点位精度,把一个区域测完后回到室内,由专业的软件接口就可以输出所要求的地形图。这样使用 RTK 仪器一人操作,不要求点间通视,大大提高了工作效率,采用 RTK 配合电子手簿可以测设各种地形图,其数据流程如图 9-10 所示。

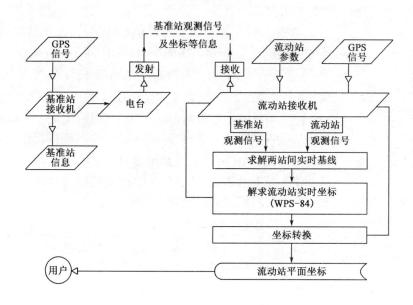

图 9-10　RTK 系统数据流程

（2）RTK 测绘地形图的优点

①作业效率高。在一般的地形地势下,高质量的 RTK 设站一次即可测完半径为 4km 的测区,大大减少了传统测量所需的控制点数量和测量仪器的"搬站"次数,仅需一人操作,在一般的电磁波环境下几秒即得一点坐标,作业速度快,劳动强度低,节省了外业费用,提高了劳动效率。

②定位精度高,数据安全可靠,没有误差积累。只要满足 RTK 的基本工作条件,在一定的作业半径范围内(一般为 4km),RTK 的平面精度和高程精度都能达到厘米(cm)级。

③降低了作业条件要求。RTK 技术不要求两点间满足光学通视,只要求满足"电磁波通视"。因此,与传统测量相比,RTK 技术受通视条件、能见度、气候、季节等因素的影响和限制较小,在传统测量看来由于地形复杂、地物障碍而造成的难通视地区,只要满足 RTK 的基本工作条件,它就能轻松地进行快速的高精度定位作业。

④RTK 作业自动化、集成化程度高,测绘功能强大。RTK 可胜任各种测绘内、外业。流动站利用内装式软件控制系统,无须人工干预便可自动实现多种测绘功能,使辅助测量工作极大减少,减少人为误差,保证作业精度。

⑤操作简便,容易使用,数据处理能力强。只要在设站时进行简单的设置,就可以边走边获得测量结果坐标或进行坐标放样。数据输入、存储、处理、转换和输出能力强,能方便快捷地与计算机和其他测量仪器通信。

三、地形图的拼接,整饰和检查

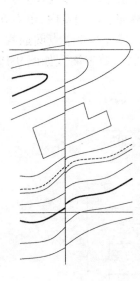

图9-11　地形图接边

在大区域内测图,地形图是分幅测绘的。为了保证相邻图幅的互相拼接,每一幅图的四边要测出图廓外5mm。测完图后,还需要对图幅进行拼接、检查与整饰,方能获得符合要求的地形图。

1.地形图的拼接

每幅图施测完后,在相邻图幅的连接处,无论是地物还是地貌,通常都不能完全吻合。如图9-11所示,左、右两幅图边的房屋、道路、等高线都有偏差。如相邻图幅地物和等高线的偏差,不超过表9-3中规定的$2\sqrt{2}$倍,取平均位置加以修正。修正时,通常用宽5~6cm的透明纸蒙在左图幅的接图边上,用铅笔把坐标格网线、地物、地貌描绘在透明纸上,然后再把透明纸按坐标格网线位置蒙在右图幅衔接边上,同样用铅笔描绘地物、地貌。若接边差在限差内,则在透明纸上用彩色笔平均配赋,并将纠正后的地物地貌分别刺在相邻图边上,以此修正图内的地物、地貌。

地形图接边误差允许值　　　　　　　　　　表9-3

地 区 类 别	点位中误差（mm,图上）	邻近地物点间距中误差（mm,图上）	等高线高程中误差(等高距)			
			平地	丘陵地	山地	高山地
山地、高山地和设站施测困难的旧街坊内部	0.75	0.6	1/3	1/2	2/3	1
城市建筑区和平地、丘陵地	9.5	0.4				

2.地形图的检查

(1)室内检查

室内检查包括:观测和计算手簿的记载是否齐全、清楚和正确;各项限差是否符合规定;图上地物、地貌的真实性、清晰性和易读性,各种符号的运用、名称注记等是否正确;等高线与地貌特征点的高程是否符合;有无矛盾或可疑的地方;相邻图幅的接边有无问题等。如发现错误或疑点,应到野外进行实地检查修改。

(2)外业检查

首先进行巡视检查,根据室内检查的重点,按预定的巡视路线,进行实地对照查看。主要查看原图的地物、地貌有无遗漏;勾绘的等高线是否逼真合理,符号、注记是否正确等。然后进行仪器设站检查,除对在室内检查和巡视检查过程中发现的重点错误和遗漏进行补测和更正外,对一些怀疑点,如地物、地貌复杂地区,图幅的四角或中心地区,也需抽样设站检查,一般为10%左右。

3.地形图的整饰

当原图经过拼接和检查后,要进行清绘和整饰,使图面更加合理、清晰、美观。整饰应遵循"先图内后图外,先地物后地貌,先注记后符号"的原则进行。工作顺序为:内图廓、坐标格网、控制点、地形点符号及高程注记,独立物体及各种名称、数字的绘注,居民地等建筑物,各种线路、水系等,植被与地类界,等高线及各种地貌符号等。图外的整饰包括:外图廓线、坐标网、经纬度、接图表、图名、图号、比例尺,坐标系统及高程系统、施测单位、测绘者及施测日期等。图上地物以及等高线的线条粗细、注记字体大小均按规定的图式进行绘制。

目前测绘部门大多已采用计算机绘图工序,经外业测绘的地形图只需用铅笔完成清绘,然后用扫描仪使地图矢量化,便可通过 AutoCAD 等绘图软件进行地形图的机助绘制。

第三节　净空区障碍物测量

一、净空区的概念

净空区是飞机起飞、爬高、转弯和进入机场下滑着陆的区域,它是飞机起飞、着陆的必经之地。机场净空区由升降带、端净空区和侧净空区三个部分组成。其中侧净空区包括过渡面、内水平面、锥形面和外水平面,其平面图如图 9-12 所示。一级机场净空区范围为 28km × 13km,二级机场净空区范围为 40km × 26.2km,三、四级机场净空区范围为 40km × 30km,以上范围中长度方向不含跑道长度。

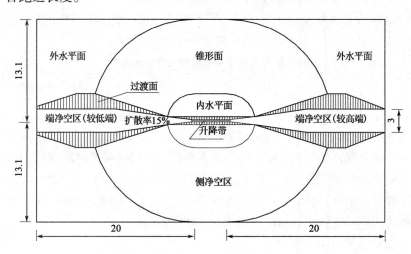

图 9-12　二级机场净空区平面图(尺寸单位:km)

飞机在净空区的飞行高度较低,尤其是在端净空区,飞机的高度是逐渐降低(或升高)的,因此,对净空区的人工障碍物和自然障碍物的高度要进行限制,特别是对端净空区的障碍物高度限制要严格,其限制高度是根据飞机起飞、着陆的飞行轨迹,并考虑一定的安全距离来确定的。

二、净空区障碍物的测量

1.净空障碍物测量程序

净空区障碍物测量工作一般分为资料收集、现场踏勘和现场测量。

(1)资料收集。资料收集是进行障碍物测量之前的一个重要环节,一般应向有关部门收集或购买机场档案。详细了解和研究其中有关机场基本数据,机场总体平面布局图和机场净空区内已测(已知)障碍物情况和数据,以及机场所在区域地形图。为了与机场总体平面布局图相吻合,一般为 1:50 000 地形图。此外,为了行车和乘车的便利,应收集附近地区的交通图,并向有关单位了解障碍物建设年代、所属单位等情况。

(2)现场踏勘。现场踏勘是最直接的调查手段,也是资料外的一种必要补充。现场踏勘的主要内容有:了解测区的位置及范围,测区的行政划分,取得当地政府和群众的支持,如果是少数民族地区,还应了解当地民族的风俗习惯,以便向测量人员进行民族政策的宣传教育;实地踏勘测区内原有水准点,以便决定有无利用价值;调查测区内道路交通现状,哪些正在施工,哪些交通频繁极易堵塞,以便选择合适的行车路线和确定合理的测点;应将需要勘测的障碍物点在地形图上做出标定。

(3)现场测量。采用地面测量方法,准确地测出障碍物的坐标和高程。

2. 净空区障碍物测量精度要求

净空区障碍物测量的目的是测出障碍物在净空区的准确位置及其相对于跑道的高度,绘制出机场净空区障碍物分布图,即机场净空图。机场净空图,是利用国家出版的 1:50 000(或 1:10 000)地形图,结合实测的净空区域内、有碍飞行的天然或人工障碍物的平面位置与高程而绘制成图的。其范围通常应比端、侧净空区大出 3 ~ 5km。

《机场勘测规范》是涉及净空测量的唯一国家军用标准,其中提出净空区障碍物测量使用的方法为三点前方交会法,主要的技术要求如表 9-4 所示。

三点前方交会净空测量的主要技术要求 表 9-4

基边相对精度	仪　　器	测　回　数	半测回归零差(″)	净空点上交会角不应小于(°)
1/5 000	6″级	1	30	3

精度要求为:三点前方交会公共边长的较差限值为 $5 \times S$;由三方向推算交会点的高程,经球气差改正其中误差允许值为 $0.4 \times S$;其中 S 为测站至障碍物点的距离,单位为千米(km)。

净空障碍物测量的控制点,可利用已有的场区控制网的控制点。若场区无控制网时,应在场区布设净空测量控制网,布网时,应考虑交会障碍物的图形边长一般为 800 ~ 1 200m,困难地段也不得短于 400m,边长相对精度不得低于 1/5 000。

3. 常用净空障碍物测量方法

针对净空区障碍物测量的精度要求和不同时期测量对象的不同(机场建设前期障碍物测量的主要对象是自然地貌,机场投入使用后自然地貌不会再有大的变化,影响净空的主要障碍物转化为人工构筑物),为了合理确定障碍物的位置和高程,长期以来,机场工程技术人员对机场净空区障碍物测量方法进行了全面的研究,主要使用的测量方法有经纬仪前方交会法、机场净空监测仪法、GPS 定位法和全站仪法等。各种方法的具体操作详见相关章节。

第四节　导航台站测量

导航台分为近距导航台和远距导航台,它们位于跑道两端轴线延长线上,其中两个近距导航台分别位于距跑道两端点 500 ~ 1 000m 处,两个远距导航台分别位于距跑道两端点 5 000 ~ 10 000m 处。远、近导航台的定位精度为:方位误差,即导航台与跑道端点连线方向偏离跑道轴线方向的误差,不得大于 ±60″;纵向误差,即导航台到跑道端点的距离相对误差,不得大于

1/1 000。

导航台定位的方法,一般采用延长轴线法和直接放样法。

一、延长轴线法

当地势平坦、通视良好时,用延长轴线法放样导航台是方便的。如图 9-13 所示,AB 为跑道轴线,A、B 两点分别为跑道轴线的两个端点,P 为导航台的设计位置。经纬仪置于 B 点,盘左以 A 点定向,纵转望远镜得 P' 点,盘右重复上述操作,定出 P'' 点,取中数得 P 点,自 B 点沿 BP 方向量取 L,即得导航台 P 点的位置。此法又称外插定点法或正倒镜投点法,在有电磁波测距仪的条件下,用这种方法定点是很方便的,而且精度较高。

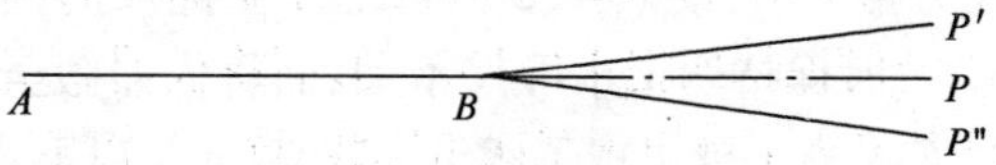

图 9-13　延长轴线法示意图

二、直接放样法

当拟放样的导航台附近有控制点,或在跑道端点至导航台之间障碍物多而不能使用延长轴线法时,可用直接放样法定位导航台。

若导航台附近有控制点时,根据控制点的分布情况可采用极坐标法、前方角交会法、长度交会法等方法测设导航台的位置。

若导航台附近没有控制点,这时应首先在导航台附近加密控制点,加密的方法可用插网、插点或布设导线等方法,其中自跑道端点到导航台附近布设导线的方法较方便,要求导线应尽量直伸,即应尽量沿着跑道轴线延长线方向布设。实际作业时,为了计算方便通常假设跑道轴线方向为 X 轴,即方位角为 $0°00'00''$,跑道端点为坐标原点,则导航台的坐标为 $X = L, Y = 0$,其中 L 为跑道端点到导航台的距离。

第五节　面水准测量和断面测量

机场工程测量中,为了选择拖机道、进场公路、平行公路、排水线路、输油管路、输电线路等工程土方量最小的合理线路,需要了解沿线地区的地形起伏情况,即需要沿路线中心进行水准测量,并绘制出路线的纵断面图,这种测量称为路线水准测量或纵断面水准测量。为了设计路线的断面,计算挖、填土方量,还需要了解路线两侧的地形起伏情况。故在垂直于路线中心线的横断面上所进行的水准测量,称为横断面水准测量,并根据测量结果绘制路线的横断面图。此外,由于机场修建地区一般比较平坦,修建时对高程的精度要求较高,通常需要进行面水准测量,以测得该地区内按一定密度分布的点的高程,能较准确地反映地面起伏情况,可据此进行挖方、填方的计量及抄平作业。因此,本节介绍面水准测量和断面测量方法。

一、面水准测量

面水准测量,通常采用如下两种方法进行施测。

1. 方格法

首先在所测的地面上建立方格网。方格的大小取决于地区的地貌特征及面水准的用途,最小的方格边长可为 3~5m,最大的方格边长可达 200~250m。

布设方格时,可在测区中心附近选择一个点,通过此点标定两条互相垂直的直线为主轴。定线时应尽可能考虑主轴线与施测地段的主要道路或建筑物的方向平行,并在主轴上量取等间隔点,然后过这些点作主轴的垂线。同样在垂线上量取等间隔点,从而构成基本方格网。根据需要,还可在基本方格网的两点间再进行更小的填充方格加密,所有方格顶点均打入木桩,并按顺序编号,如图 9-14 所示。

测量时,对于大方格则在每个方格中心安置仪器,并读取四角上竖立的标尺读数。例如,在方格 1 中,读取 A、G 两桩上竖立标尺的读数为 a、c,再将两尺平行移至 E、F 点,并读得 b_1、b_2,此时保持两把水准尺不动,而将仪器搬至方格 2,仍读 E、F 两桩上的标尺读数为 a_1、a_2。这样 E、F 点上就出现了两组读数,故通常以下式进行检核:$a_1 + b_2 = a_2 + b_1$,其差数 $\Delta = (a_1 + b_2) - (a_2 + b_1)$,视要求精度而定,一般应 $\Delta \leqslant 4mm$。经检查合格后,两尺可移至 K、L 点。为了加快作业速度,最好采用两根后视尺和两根前视尺,一次施测 4 个桩点。

方格较小时一个测站可观测若干个方格,如图 9-15 所示,Ⅰ、Ⅱ、Ⅲ、Ⅳ 为测站点,K、R、S、P 为转点。由测站点向周围各个方格网桩点立尺读数,亦称间视作业方法(一个后视尺,多个前视尺读数)。每一个桩点都应统一编号,并将读数记入手簿,手簿格式可设计成一张全部施测点的略图。

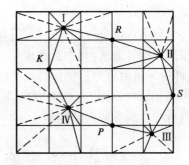

图 9-14　方格网布设　　　　　　　图 9-15　小方格网施测

整理面水准测量的成果时,应先从一个起始点开始,计算出第一个转点的高程,并依次推算整个方格网转点的高程,直至闭合到起始点为止,以求得水准路线的闭合差。若闭合差在允许范围内,即可按距离配赋求得各转点最后的高程。然后根据各转点的高程推算各立尺桩点的高程。

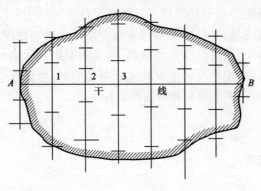

图 9-16　平行线法

2. 平行线法

如图 9-16 所示,先在测区内选择一条或若干条干线,如 AB 干线,然后垂直于该干线测设一组平行且间隔相等的直线,如 $A1 = 12 = 23 = \cdots$。根据地形情况,在这些平行线上用木桩标定若干地形特征点。桩点的数量及间距,视地形及比例尺而定,桩距不一定相等。平行线间的距离一般取整数为宜。当距离为 100m 或者更大时,在每条平行线上应设置横断面。

而面水准测量是从干线上的水准点 A 开始,沿每条平行线施测。若相邻平行线的间隔不大,可将仪器置于两平行线之间,一次施测两条平行线上的各桩点,并由两根前视尺和两根后视尺配合进行,这样可以加快施测速度。施测时,除记录外,还要注意描绘测区草图。

二、纵断面水准测量

纵断面水准测量,是在预先选定的干线上进行的。干线可先在地图上拟定,然后在实地勘测标定。干线的选择,应考虑工程需要和将来施工放样的方便。从干线起点开始,一般每隔 100m 打一桩,称为里程桩。里程桩应与地面平齐,在里程桩旁边另打入一标志桩,桩顶露出地面 10~20cm,并在标志桩上写明里程桩的编号,编号用距起点距离的"千米数 + 百米数"表示,如图 9-17 所示。对于地面坡度特征点,也应打入适量的木桩及标志桩,通常称为加桩。加桩也应编号,如"0 +410"等。纵断面水准测量的任务,就是测出里程桩和加桩的高程,以供绘制纵断面图。

纵断面水准测量,应尽可能从路线附近的国家水准点开始。其测量方法与普通水准测量大致相同。为减少测站数,可采用间视作业方法,即一个测站上除观测一个后视点,如图 9-18 中的 E 点,可观测其余几个前视点。其中,选一个前视点作为传递高程的转点(如图 9-18 中的 M 点),其余点如 L、N,称为间视。其高程计算如下:

$$H_L = H_E + h_{EL} \tag{9-1}$$

$$H_N = H_E + h_{EN} \tag{9-2}$$

式中:$h_{EL} = e - l$;

　　　$h_{EN} = e - n$。

字母含义如图 9-18 所示。

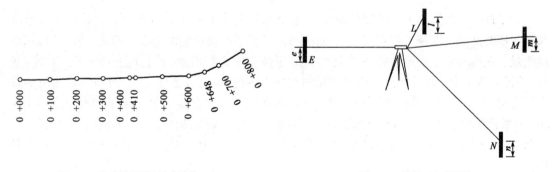

图 9-17　桩点编号图(尺寸单位:m)　　　　　　图 9-18　纵断面水准测量

纵断面水准测量完成后,即可绘制纵断面图,以显示沿线各桩点的高程、距离及其他有关数据。一般在厘米方格纸上进行图解,如图 9-19 所示,在方格纸的下部选取一条水平线,以水平线的左端某点为起点,按一定的比例(如 1:1 000、1:2 000 等称为距离比例尺)标出各桩间的距离,注明桩号(以百米为单位),并在桩号旁注明其地面高程(也称黑字高程);然后假定水平线的高程(应为线路最低点高程之下的整米数),并在各桩点的垂直方向用较大比例尺(通常把距离比例尺放大 10 倍,称为高差比例尺)依高差描绘相应线段表示这些地面点的高程,然后将这些点连接起来,就得到沿水准路线地区的纵断面图。如图 9-19 所示,以 18.00m 为所选水平线的高程。

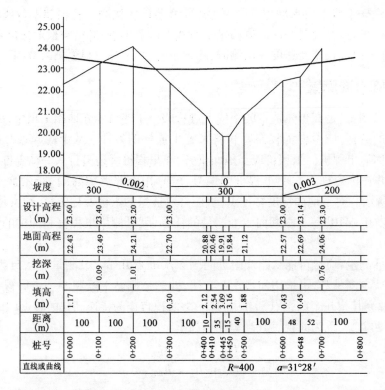

图9-19　纵断面图(尺寸单位:m)

桩号	0+000	0+100	0+200	0+300	0+400	0+410	0+445	0+450	0+500	0+600	0+648	0+700	0+800
坡度		0.002（300）				0（300）				0.003（200）			
设计高程(m)	23.60	23.40	23.20	23.00					23.00	23.00	23.14	23.30	
地面高程(m)	22.43	23.49	24.21	22.70	20.88	20.46	19.91	19.84	21.12	22.57	22.69	24.06	
挖深(m)		0.09	1.01									0.76	
填高(m)	1.17			0.30	2.12	2.54	3.09	3.16	1.88	0.43	0.45		
距离(m)		100	100	100	100	10	35	15	40	100	48	52	100
直线或曲线					R=400			a=31°28′					

三、横断面水准测量

为了进一步查勘沿干线两侧的地形情况,还需在与中心线大致成垂直方向作横断面水准测量。横断面的长度视工程需要而定,对于道路及渠道需向两侧测出 25~50m,其距离可用皮尺丈量。在横断面上应选择较为明显的地形变换点作为断面点,其长度自中心线(干线)量起,并记入草图中。在这些点上设置桩顶与地面平齐的木桩,以备竖立水准标尺;在木桩旁设立标志桩,并注记距离数,有时也可不打木桩,水准尺直接立在地面上。图9-20 所示为在 0+200 号里程桩处横断面点的布设情况,沿干线前进方向的左、右加距离,作为横断面点的编号。横断面上的水准测量,可与纵断面水准测量同时进行,或在完成纵断面水准测量后再单独进行。

水准仪通常置于干线两桩之间,例如在 0+200 及 0+300 号点之间架设水准仪,在测出两点高差后,将位于 0+200 号点的后视标尺依次立于所标出的断面点上,如图9-21 所示。并将测量结界记入手簿,如表9-5 所示。

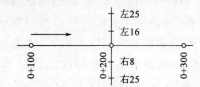

图9-20　横断面点的布设与编号(尺寸单位:m)

图9-21　横断面水准测量(尺寸单位:m)

横断面水准测量手簿(单位:m)　　表9-5

测站	离中心桩的距离	读　数			高　程		备　注
		后视	前视	间视	仪器	点	
3	0+200	0.377			24.586	24.209	
	左16			1.35		23.24	
	25			0.27		24.32	
	右8			1.25		23.34	
	25			2.96		21.63	
	0+300		1.884			22.702	

根据水准测量获得的数据,即可绘出横断面图,其绘制方法与绘制纵断面图相同。为使计算土方方便,距离与高程应采用同一比例尺。图9-22所绘的是里程桩0+200的横断面图。

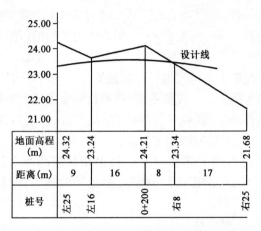

图9-22　横断面图(尺寸单位:m)

第六节　大比例尺地形图应用

地形图是国家各个部门、各项工程建设中必需的基础资料,在地形图上可以获取多种、大量的所需信息。并且,根据地形图确定地物的位置和相互关系及地貌的起伏形态等,比实地更准确、更全面、更方便、更迅速。

一、地形图的识读

1.地物地貌的识别

地形图反映地物的位置、形状、大小和地物间的相互位置关系,以及地貌的起伏形态。为了能够正确地应用地形图,必须要读懂地形图(即识图),并能根据地形图上各种符号和注记,在头脑中建立起相应的立体模型。地形图识读包括如下内容:

(1)图廓外要素的阅读

图廓外要素是指地形图内图廓之外的要素。通过图廓外要素的阅读,可以了解测图时间,从而判断地形图的新旧和适用程度,地形图的比例尺、坐标系统、高程系统和基本等高距,以及图幅范围和接图表等内容。

（2）图廓内要素的判读

图廓内要素是指地物、地貌符号及相关注记等。在判读地物时,首先了解主要地物的分布情况,例如居民点、交通线路及水系等。要注意地物符号的主次让位问题,例如,铁路和公路并行,图上是以铁路中心位置绘制铁路符号,而公路符号让位,地物符号不准重叠。在地貌判读时,先看计曲线,再看首曲线的分布情况,了解等高线所表示出的地性线及典型地貌,进而了解该图幅范围总体地貌及某地区的特殊地貌。同时,通过对居民地、交通网、电力线、输油管线等重要地物的判读,了解该地区的社会经济发展情况。

2. 野外使用地形图

在野外使用地形图时,经常要进行定向地形图、在图上确定站立点位置、对照地形图与实地,以及野外填图等项工作。当使用的地形图图幅数较多时,为了使用方便,则须进行地形图的拼接和粘贴,方法是根据接图表所表示的相邻图幅的图名和图号,将各幅图按其关系位置排列好,按左压右、上压下的顺序进行拼贴,构成一张范围更大的地形图。

（1）地形图的野外定向

地形图的野外定向是使图上表示的地形与实地地形一致。常用的方法有以下两种:

①罗盘定向。根据地形图上的三北关系图,将罗盘刻度盘的北字指向北图廓,并使刻度盘上的南北线与地形图上的真子午线（或坐标纵线）方向重合,然后转动地形图,使磁针北端指到磁偏角（或磁坐偏角）值,完成地形图的定向。

②地物定向。首先在地形图上和实地分别找出相对应的两个位置点,例如,本人站立点、房角点、道路或河流转弯点、山顶、独立树等,然后转动地形图,使图上位置与实地位置一致。

（2）在地形图上确定站立点位置

当站立点附近有明显地貌和地物时,可利用它们确定站立点在图上的位置。例如,站立点的位置是图上道路或河流的转弯点、房屋角点、桥梁一端,以及山脊的一个平台上等。

当站立点附近没有明显地物或地貌特征时,可以采用交会方法来确定站立点在图上的位置。

（3）地图与实地对照

当进行了地形图定向和确定了站立点的位置后,就可以根据图上站立点周围的地物和地貌的符号,找出与实地相对应的地物和地貌,或者观察实地地物和地貌来识别其在地图上所表示的位置。地图和实地通常是先识别主要的明显的地物、地貌,再按关系位置识别其他地物、地貌。通过地形图和实地对照,了解和熟悉周围地形情况,比较地形图上内容与实地相应地形是否发生了变化。

（4）野外填图

野外填图,是指将土壤普查、土地利用、矿产资源分布等情况填绘于地形图上。野外填图时,应注意沿途具有方位意义的地物,随时确定本人站立点在图上的位置,同时,站立点要选择视线良好的地点,便于观察较大范围的填图对象,确定其边界并填绘在地形图上。通常用罗盘或目估方法确定填图对象的方向,用目估、步测或皮尺确定距离。

二、地形图应用基本内容

1. 确定图上点位的坐标

（1）求点的直角坐标

欲求图 9-23a）中 P 点的直角坐标，可以通过 P 点作平行于直角坐标格网的直线，交格网线于 e、f、g、h 点。用比例尺（或直尺）量出 ae 和 ag 两段距离，则 P 点的坐标为：

$$x_p = x_a + ae = 21\,100 + 27 = 21\,127(\text{m})$$

$$y_p = y_a + ag = 32\,100 + 29 = 32\,129(\text{m})$$

为了防止图纸伸缩变形带来的误差，可以采用下列计算公式消除：

$$x_p = x_a + \frac{ae}{ab} \cdot l = 21\,100 + \frac{27}{99.9} \times 100 = 21\,127.03(\text{m})$$

$$y_p = y_a + \frac{ag}{ad} \cdot l = 32\,100 + \frac{29}{99.9} \times 100 = 32\,129.03(\text{m})$$

式中：l——相邻格网线间距。

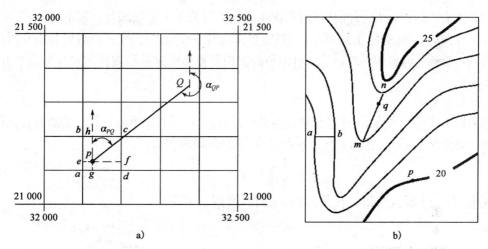

图 9-23　确定点的坐标、高程、直线段的距离、坐标方位角和坡度（尺寸单位：m）

（2）求点的大地坐标

在求某点的大地坐标时，首先根据地形图内外图廓中的分度带绘制大地坐标格网。然后作平行于大地坐标格网的纵横直线，交于大地坐标格网。最后按照上述求点直角坐标的方法计算出点的大地坐标。

2. 确定图上直线段的距离

若求 PQ 两点间的水平距离，如图 9-23a）所示，最简单的办法是用比例尺或直尺直接从地形图上量取。为了消除图纸的伸缩变形给量取距离带来的误差，可以用两脚规量取 PQ 间的长度，然后与图上的直线比例尺进行比较，得出两点间的距离。更精确的方法是利用上述方法求得 P、Q 两点的直角坐标，再用坐标反算出两点间距离。

3. 图上确定直线的坐标方位角

如图 9-23a）所示，若求直线 PQ 的坐标方位角 α_{PQ}，可以先过 P 点作一条平行于坐标纵线的直线,然后用量角器直接量取坐标方位角 α_{PQ}。要求精度较高时,可以利用上述方法先求得 P、Q 两点的直角坐标,再利用坐标反算公式计算出 α_{PQ}。

4.确定图上点的高程

根据地形图上的等高线,可确定任一地面点的高程。如果地面点恰好位于某一等高线上,则根据等高线的高程注记或基本等高距,便可直接确定该点高程。如图9-23b)所示,p 点的高程为20m。当确定位于相邻两条等高线之间的地面点 q 的高程时,可以采用目估的方法确定。更精确的方法是,先过 q 点作垂直于相邻两等高线的线段 mn,再根据高差和平距成比例的关系求解。例如,图中等高线的基本等高距为1m,则 q 点高程为:

$$H_q = H_n + \frac{mq}{mn} \cdot h = 23 + \frac{14}{20} \times 1 = 23.7(\text{m})$$

如果要确定两点间的高差,则可采用上述方法确定两点的高程后,相减即得两点间高差。

三、图形面积量算

1.几何图形法

当欲求面积的边界为直线时,可以把该图形分解为若干个规则的几何图形,例如三角形、梯形或平行四边形等,如图9-24所示。然后,量出这些图形的边长,这样就可以利用几何公式计算得到每个图形的面积。最后将所有图形的面积之和乘以该地形图比例尺分母的平方,即为所求面积。

2.坐标计算法

如果图形为任意多边形,并且各顶点的坐标已知,则可以利用坐标计算法精确求算该图形的面积。如图9-25所示,各顶点按照逆时针方向编号,则面积为:

$$S = \frac{1}{2}\sum_{i=1}^{n} x_i(y_{i-1} - y_{i+1}) \tag{9-3}$$

式中,当 $i=1$ 时,y_{i-1} 用 y_n 代替;当 $i=n$ 时,y_{i+1} 用 y_1 代替。

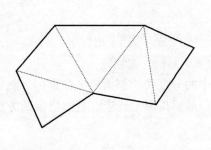

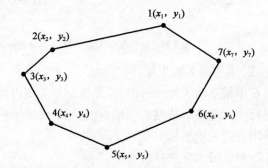

图9-24 几何图形法测算面积　　　　　图9-25 坐标计算法测算面积

3.透明方格法

对于不规则图形,可以采用图解法求算图形面积。通常将绘有单元图形的透明纸蒙在待测图形上,通过统计落在待测图形轮廓线以内的单元图形个数来量测面积。

透明方格法通常是在透明纸上绘出边长为1mm的小方格,如图9-26a)所示,每个方格的面积为 1mm^2,而所代表的实际面积则由地形图的比例尺决定。量测图上面积时,将透明方格纸固定在图纸上,先数出完整小方格数 n_1,再数出图形边缘不完整的小方格数 n_2。然后,按下式计算整个图形的实际面积:

$$S = \left(n_1 + \frac{n_2}{2} \right) \cdot \frac{M^2}{10^6}(\text{m}^2) \tag{9-4}$$

式中:M——地形图比例尺分母。

4. 透明平行线法

透明方格网法的缺点是数方格困难,为此,可以使用图 9-26b)所示的透明平行线法。被测图形被平行线分割成若干个等高的长条,每个长条的面积可以按照梯形公式计算。例如,图9-26b)中绘有斜线的面积,其中间位置的虚线为上底加下底的平均值 d_i,可以直接量出,而每个梯形的高均为 h,则其面积为:

$$S = \sum_{i=1}^{n} d_i \cdot h = h \sum_{i=1}^{n} d_i \tag{9-5}$$

5. 电子求积仪的使用

电子求积仪是一种用来测定任意形状图形面积的仪器,如图 9-27 所示。

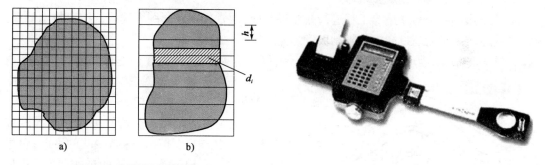

图 9-26　透明纸法测算面积　　　　　　　　图 9-27　电子求积仪

在地形图上求取图形面积时,先在求积仪的面板上设置地形图的比例尺和使用单位,再使用求积仪一端的跟踪透镜的十字中心点绕图形一周来求算面积。电子求积仪具有自动显示量测面积结果、储存测得的数据、计算周围边长、数据打印、边界自动闭合等功能,计算精度可以达到 0.2%。同时,求积仪具备各种计量单位,例如公制、英制,具备计算功能,当数据量溢出时会自动移位处理。因采用 RS-232 接口,故可以直接与计算机相连进行数据管理和处理。

为了保证量测面积的精度和可靠性,应将图纸平整地固定在图板或桌面上。当需要量测的面积较大时,可以采取将大面积划分为若干块小面积的方法,分别求这些小面积,最后把量测结果相加。也可以在待测的大面积内划出一个或若干个规则图形(如四边形、三角形、圆等),用解析法求算面积,剩下的边、角小块面积用求积仪求取。

四、地形图的工程应用

1. 确定图上地面坡度

由等高线的特性可知,地形图上某处等高线之间的平距越小,则地面坡度越大。反之,等高线间平距越大,坡度越小。当等高线为一组等间距的平行直线时,则该地区地貌为斜平面。

如图 9-23b)所示,欲求 p、q 两点之间的地面坡度,可先求出两点高程 H_p、H_q,然后求出高

差 $h_{pq} = H_q - H_p$，以及两点水平距离 d_{pq}，再按下式计算：

p、q 两点之间的地面坡度为：

$$i = \frac{h_{pq}}{d_{pq}} \tag{9-6}$$

p、q 两点之间的地面倾角为：

$$\alpha_{pq} = \arctan \frac{h_{pq}}{d_{pq}} \tag{9-7}$$

当地面两点间穿过的等高线平距不等时，计算的坡度则为地面两点平均坡度。

两条相邻等高线间的坡度，是指垂直于两条等高线两个交点间的坡度。如图 9-23b）所示，垂直于等高线方向的直线 ab 具有最大的倾斜角，该直线称为最大倾斜线（或坡度线），通常以最大倾斜线的方向代表该地面的倾斜方向。最大倾斜线的倾斜角也代表该地面的倾斜角。

此外，也可以利用地形图上的坡度尺求取坡度。

2. 在图上设计规定坡度的线路

对管线、渠道、交通线路等工程进行初步设计时，通常先在地形图上选线。按照技术要求，选定的线路坡度不能超过规定的限制坡度，并且线路最短。

如图 9-28 所示，地形图的比例尺为 1∶2 000，等高距为 2m。设需在该地形图上选出一条由车站 A 至某工地 B 的最短线路，并且在该线路任何处的坡度斜率都不超 4%。

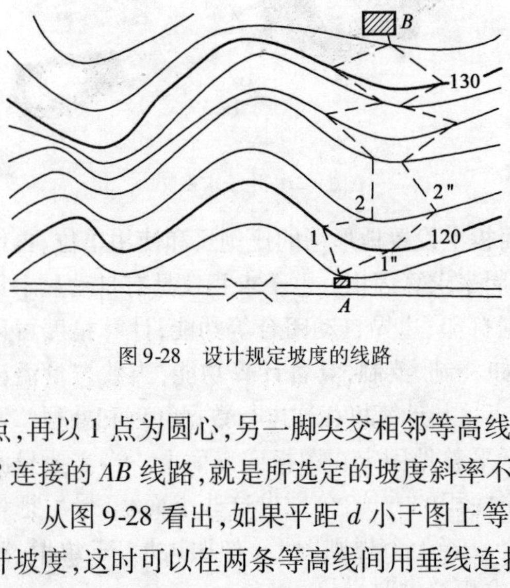

图 9-28　设计规定坡度的线路

常见的做法是将两脚规在坡度尺上截取坡度斜率为 4% 时相邻两条等高线间的平距；也可以按下式计算相邻等高线间的最小平距（地形图上距离），即：

$$d = \frac{h}{M \cdot i} = \frac{2}{2\,000 \times 4\%} = 25\,(\mathrm{mm})$$

然后，将两脚规的脚尖设置为 25mm，把一脚尖立在以点 A 为圆心上作弧，交另一等高线 1 点，再以 1 点为圆心，另一脚尖交相邻等高线 2 点。如此继续直到 B 点。这样，由 A、1、2、3 至 B 连接的 AB 线路，就是所选定的坡度斜率不超过 4% 的最短线路。

从图 9-28 看出，如果平距 d 小于图上等高线间的平距，则说明该处地面最大坡度小于设计坡度，这时可以在两条等高线间用垂线连接。此外，从点 A 到点 B 的线路可采用上述方法选择多条，例如由 A、1″、2″、3″ 至 B 所确定的线路。最后选用哪条，则主要根据占用耕地、撤迁民房、施工难度及工程费用等因素决定。

3. 沿图上已知方向绘制断面图

地形断面图是指沿某一方向描绘地面起伏状态的竖直面图。在交通、渠道以及各种管线工程中，可根据断面图地面起伏状态量取有关数据进行线路设计。断面图可以在实地直接测定，也可以根据地形图绘制。

绘制断面图时，首先要确定断面图的水平方向和垂直方向的比例尺。通常，在水平方向采用与所用地形图相同的比例尺;而垂直方向的比例尺通常比水平方向大 10 倍,以突出地形起伏状况。

如图 9-29a)所示,要求在等高距为 5m、比例尺为 1:5 000 的地形图上,沿 DB 方向绘制地形断面图,方法如下:

在地形图上绘出断面线 AB,依次交于等高线 1 点、2 点、3 点、…、10 点。

(1)如图 9-29b)所示,在另一张白纸(或毫米方格纸)上绘出水平线 AB,并作若干平行于 AB 等间隔的平行线,间隔大小依竖向比例尺而定,再注记出相应的高程值;

(2)把 1 点、2 点等交点转绘到水平线 AB 上,并通过各点作 AB 垂直线,各垂线与相应高程的水平线交点即断面点;

(3)用平滑曲线连各断面点,则得到沿 AB 方向的断面图,如图 9-29b)所示。

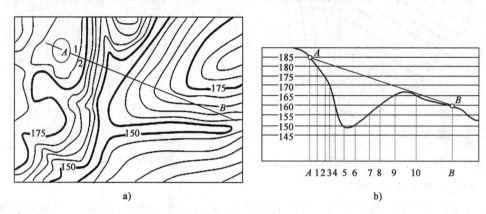

图 9-29　绘制地形断面图和确定地面两点间通视情况(尺寸单位:m)

4. 确定两地面点间是否通视

确定地面上两点之间是否通视,可以根据地形图来判断。如果地面两点间的地形比较平坦,通过在地形图上观看两点之间是否有阻挡视线的建筑物就可以判断。但在两点之间地形起伏变化较复杂的情况下,则可以采用绘制简略断面图来确定其是否通视,如图 9-29 所示,则可以判断 A、B 两点是否通视。

5. 在地形图上绘出填挖边界线

在平整场地的上石方工程中,可以在地形图上确定填方区和挖方区的边界线。如图 9-30 所示,要将山谷地形平整为一块平地,并且其设计高程为 45m,则填挖边界线就是 45m 的等高线,可以直接在地形图上确定。

如果在场地边界 aa′处的设计边坡为 1:1.5(即每 1.5m 平距下降深度 1m),欲求填方坡脚边界线,则需在图上绘出等高距为 1m、平距为 1.5m、一组平行于 aa′表示斜坡面的等高线。如图 9-30 所示,根据地形图同一比例尺绘出间距为 1.5m 的平行于等高线与地形图同高程等高线的交点,即为坡脚交点。依次连接这些交点,即绘出填方边界线。同理,根据设计边坡也可绘出挖方边界线。

6. 确定汇水面积

在修建交通线路的涵洞、桥梁或水库的堤坝等工程建设中,需要确定有多大面积的雨水量汇集于桥涵或水库,即需要确定汇水面积,以便进行桥涵和堤坝的设计工作。通常是在地形图上确定汇水面积。

汇水面积是由山脊线所构成的区域。如图 9-31 所示,某公路经过山谷地区,欲在 *m* 处建造涵洞,*cn* 和 *em* 为山谷线,注入该山谷的雨水是由山脊线(即分水线)*a*、*b*、*c*、*d*、*e*、*f*、*g* 及公路所围成的区域。区域汇水面积可通过面积量测方法得出。另外,根据等高线的特性,山脊线处处与等高线垂直,且经过一系列的山头和鞍部,可以在地形图上直接确定。

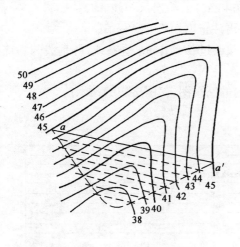

图9-30　图上确定填挖边界线(高程单位:m)

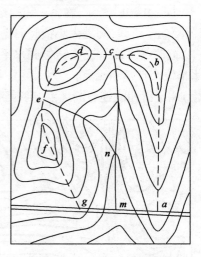

图9-31　图上确定汇水面积

7. 场地平整中的土方计算

为了使起伏不平的地形满足一定工程的要求,需要把地表平整成一块水平面或斜平面。在进行工程量的预算时,可以利用地形图进行填、挖土石方量的概算。

1)方格网法

如果地面坡度较平缓,可以将地面平整为某一高程的水平面。如图 9-32 所示,计算步骤如下:

(1)绘制方格网

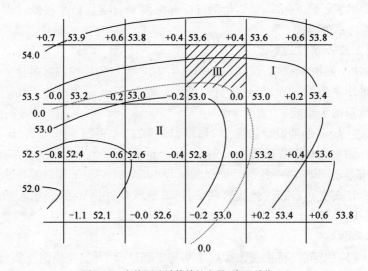

图9-32　方格网法计算填挖方量(高程单位:m)

方格的边长取决于地形的复杂程度和土石方量估算的精度要求,一般取 10m 或 20m。然后,根据地形图的比例尺在图上绘出方格网。

(2)求各方格角点的高程

根据地形图上的等高线和其他地形点高程,采用目估法内插出各方格角点的地面高程值,并标注于相应顶点的右上方。

(3)计算设计高程

将每个方格角点的地面高程值相加,并除以 4 则得到各方格的平均高程,再把每个方格的平均高程相加除以方格总数就得到设计高程 $H_设$。$H_设$ 也可以根据工程要求直接给出。

(4)确定填、挖边界线

根据设计高程 $H_设$,在地形图(图 9-32)上绘出高程为 $H_设$ 的高程线(如图中虚线),在此线上的点即为不填又不挖,也就是填、挖边界线,亦称零等高线。

(5)计算各方格网点的填、挖高度

将各方格网点的地面高程减去设计高程 $H_设$,即得各方格网点的填、挖高度,并注于相应顶点的左上方,正号表示挖,负号表示填。

(6)计算各方格的填、挖方量

下面以图 9-32 中方格 Ⅰ、Ⅱ、Ⅲ 为例,说明各方格的填、挖方量计算方法。

方格 Ⅰ 的挖方量为:

$$V_1 = \frac{1}{4}(0.4 + 0.6 + 0 + 0.2) \cdot A = 0.3A$$

方格 Ⅱ 的填方量为:

$$V_2 = \frac{1}{4}(-0.2 - 0.2 - 0.6 - 0.4) \cdot A = -0.35A$$

方格 Ⅲ 的填、挖方量为:

$$V_3 = \frac{1}{4}(0.4 + 0.4 + 0 + 0) \cdot A_挖 - \frac{1}{4}(0 - 0.2 - 0) \cdot A_填 = 0.2A_挖 - 0.05A_填$$

式中:A——每个方格的实际面积;

$\quad A_挖$——方格 Ⅲ 中挖方区域的实际面积;

$\quad A_填$——方格 Ⅲ 中填方区域的实际面积。

(7)计算总的填、挖方量

将所有方格的填方量和挖方量分别求和,即得总的填、挖土石方量。如果设计高程 $H_设$ 是各方格的平均高程值,则最后计算出的总填方量和总挖方量基本相等。

当地面坡度较大时,可以按照填、挖土石方量基本平衡的原则,将地形整理成某一坡度的倾斜面。

由图 9-19 可知,当把地面平整为水平面时,每个方格角点的设计高程值相同。而当把地面平整为倾斜面时,每个方格角点的设计高程值则不一定相同,这就需要在图上绘制一组代表倾斜面的平行等高线。绘制这组等高线的必备条件是:等高距、平距、平行等高线的方向(或最大坡度线方向)以及高程的起算值。它们都是通过具体的设计要求直接或间接提供的。绘出倾斜面等高线后,通过内插即可求出每个方格角点的设计高程值。这样,便可以计算各方格网点的填、挖高度,并计算得出每个方格的填、挖方量及总填、挖方量。

2)等高线法

如果地形起伏较大时,可以采用等高线法计算土石方量。首先从设计高程的等高线开始计算各条等高线所包围的面积,然后将相邻等高线面积的平均值乘以等高距即得总的填挖方量。

如图 9-33 所示,地形图的等高距为 5m,要求平整场地后的设计高程为 492m。首先在地形图中内插求出设计高程为 492m 的等高线(如图中虚线),再求出 492m、495m、500m 3 条等高线所围成的面积 A_{492}、A_{495}、A_{500},即可计算出每层土石方的挖方量分别为:

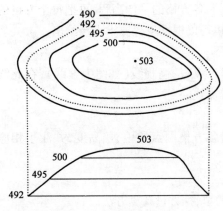

图 9-33 等高线法计算填挖方量(高程单位:m)

$$V_{492-495} = \frac{1}{2}(A_{492} + A_{495}) \cdot 3$$

$$V_{495-500} = \frac{1}{2}(A_{495} + A_{500}) \cdot 5$$

$$V_{500-503} = \frac{1}{3}A_{500} \cdot 3$$

则总的土石方挖方量为:

$$V_{总} = \sum V = V_{492-495} + V_{495-500} + V_{500-505}$$

3)断面法

这种方法是在施工场地范围内,利用地形图以一定间距绘出地形断面图,并在各个断面图上绘出平整场地后的设计高程线。然后分别求出断面图上地面线与设计高程线所围成的面积,再计算相邻断面间的土石方量,求其和即为总土石方量。

复习思考题

1. 勘测规划阶段的测量工作主要包括哪些内容?

2. 测图前的准备工作有哪些? 控制点展绘后,怎样检查其正确性?

3. 某碎部测量按视距测量法测量数据,如表 9-6 所示,试用计算器计算各碎部点的水平距离及高程。

碎部测量记录汇总　　　　　　　　　　　　　表 9-6

测站点:A　　　定向点:B　　　$H_A = 42.95m$　　　$i_A = 1.48m$　　　$x = 0$

点号	视距间隔 $l(m)$	中丝读数 $v(m)$	竖盘读数 L (° ′)	竖直角 α	高差 $h(m)$	水平角 β (° ′)	平距 $D(m)$	高程 $H(m)$	备注
1	0.552	1.480	83 36			48 05			
2	0.409	1.780	87 51			56 25			
3	0.324	1.480	93 45			247 50			
4	0.675	2.480	98 12			261 35			

4. 碎部测量的方法主要有哪些?

5. 净空测量是什么? 说明净空测量的过程和方法。

6. 导航台站测量的目的是什么? 简述确定导航台位置的过程。

7. 面水准测量的方法有哪些? 各有什么特点? 适用于哪些工程?

8. 断面测量包括哪些内容? 简述纵断面测量的过程。

9. 在图9-34上,完成以下工作:

(1)用▲标出山头,用△标出鞍部,用虚线标出山脊线,用实线标出山谷线;

(2)求出A、B两点的高程,并用图下直线比例尺求出A、B两点间的水平距离及坡度;

(3)绘出A、B之间的地形断面图(平距比例尺为1:2 000,高程比例尺为1:200);

(4)找出图内山坡最陡处,并求出该最陡坡度值;

(5)从C点到D点做出一条坡度斜率不大于10%的最短路线;

(6)绘出过C点的汇水面积。

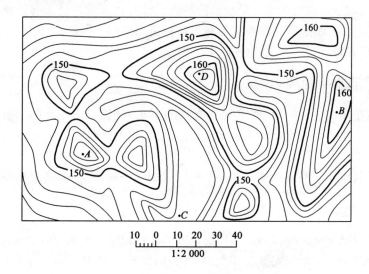

图9-34 复习思考题9用图(高程单位:m)

155

第十章　机场飞行区施工测量

机场设计经批准后,就可进行施工建设。在施工建设阶段,主要进行的测量工作包括建立施工控制网和施工放样测量两个部分,本章主要介绍飞行区施工测量内容,其他功能区施工测量可参考类似工程。

第一节　机场施工测量的基本工作

施工测量中,对于待测设的点位是根据控制点或已有建筑物特征点与待测设点之间的角度、距离和高差等几何关系,应用测绘仪器和工具标定出来的。因此,测设已知水平距离、已知水平角、已知高程和坡度是施工放样的基本工作。

一、测设已知水平距离

测设已知水平距离是从地面一已知点开始,沿已知方向测设出给定的水平距离以定出第二个端点的工作。水平距离测设的工具盒仪器是钢尺、测距仪和全站仪。

1. 钢尺法

钢尺法一般只宜用于测设长度小于一个整尺段的水平距离,根据量距精度的要求选择一般量距方法。

2. 测距仪法

用测距仪测设已知水平距离与用钢尺测设方法大致相同。如图 10-1 所示,需要在斜坡上测设一段水平距离 D。测距仪安置于 A 点,反光镜沿已知方向 AC 移动,测设距离 D',定出 C_0 点,应使距离 D' 加气象改正,倾斜改正后的距离等于设计水平距离 D。

3. 全站仪法

应用全站仪时,操作如图 10-1 所示,在 A 点安置仪器,瞄准位于 C 点附近的棱镜后,能够直接显示出全站仪与棱镜之间的水平距离 D。因此,可以通过前后移动棱镜使其水平距离 D 等于待测设的已知水平距离 D,即可定出 C_0 点。

二、测设已知水平角

测设已知水平角就是根据一已知方向测设出另一方向,使它们的夹角等于给定的设计角值。水平角测设的仪器是经纬仪或全站仪,按精度要求分为一般方法和精密方法。

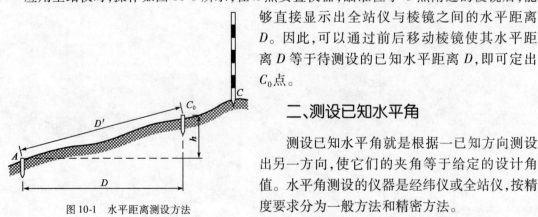

图 10-1　水平距离测设方法

1. 一般方法

当测设水平角精度要求不高时,可采用一般法,即用盘左、盘右取平均值的方法,该方法也称盘左盘右分中法。如图 10-2 所示,设 OA 为地面上已有方向,欲测设水平角 β,在 O 点安置经纬仪,以盘左位置瞄准 A 点,配置水平度盘读数为 0。转动照准部使水平度盘读数恰好为 β 值,在视线方向定出 B_1 点。然后用盘右位置,重复上述步骤定出 B_2 点,取 B_1 和 B_2 中点 B,则 $\angle AOB$ 即为测设的 β 角。

2. 精确方法

当测设精度要求较高时,可采用精确方法测设已知水平角,也称多测回修正法。如图 10-3 所示,安置经纬仪于 O 点,按照上述一般方法测设出已知水平角 $\angle AOB'$,定出 B' 点。然后较精确地测量 $\angle AOB'$ 的角值,一般采用多个测回取平均值的方法,设平均角值为 β',测量出 OB' 的距离。按下式计算 B' 点处 OB' 线段的垂距 $B'B$,即:

$$B'B = \frac{\Delta\beta''}{\rho''} \cdot OB' = \frac{\beta - \beta'}{206\,265''} \cdot OB' \tag{10-1}$$

然后,从 B' 点沿 OB' 的垂直方向调整垂距 $B'B$,$\angle AOB$ 即为 β 角。如图 10-3 所示,若 $\Delta\beta > 0$,则从 B' 点往内调整 $B'B$ 至 B 点;若 $\Delta\beta < 0$ 时,则从 B' 点往外调整 $B'B$ 至 B 点。

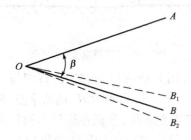

图 10-2　一般方法测设水平角

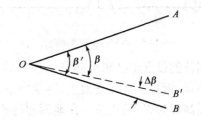

图 10-3　精确方法测设水平角

三、测设已知高程

测设已知高程就是根据已知点的高程,通过引测把设计高程标定在固定的位置上。高程测设主要在平整场地、开挖基础、定路线坡度等场合使用。高程测设的方法有水准测量法和全站仪三角高程测量法,水准测量法一般采用视线高程法。

如图 10-4 所示,已知水准点 A 的高程为 H_A,需要在 B 点标定出已知高程为 H_B 的位置。方法是:在 A 点和 B 点中间安置水准仪,精平后读取 A 点的标尺读数为 a,则仪器的视线高程为 $H_i = H_A + a$,由图 10-4 可知测设已知高程为 H_B 的 B 点标尺读数应为 $b = H_i - H_B$。将水准尺紧靠 B 点木桩的侧面上下移动,直到尺上读数为 b 时,沿尺底画一横线,此线即为设计高程 H_B 的位置。测设时应始终保持水准管气泡居中。

在建筑设计和施工中,为了计算方便,通常

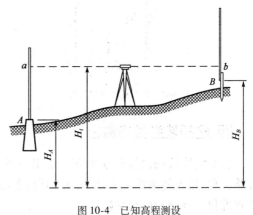

图 10-4　已知高程测设

把建筑物的室内设计地坪高程用 ±0 高程表示,建筑物的基础、门窗等高程都是以 ±0 为依据进行测设。因此,首先要在施工现场利用测设已知高程的方法测设出室内地坪高程的位置。

在地下洞库施工中,高程点位通常设置在坑道顶部。通常规定当高程点位于坑道顶部时,在进行水准测量时水准尺均应倒立在高程点上。如图 10-5 所示,A 点为已知高程 H_A 的水准点,B 点为待测设高程为 H_B 的位置,由于 $H_B = H_A + a + b$,则在 B 点应有的标尺读数为 $b = H_B - (H_A + a)$。因此,将水准尺倒立并紧靠 B 点的木桩上下移动,直到尺上读数为 b 时,在尺底画出设计高程 H_B 的位置。

同样,对于多个测站的情况,也可以采用类似分析和解决方法。如图 10-6 所示,A 点为已知高程 H_A 的水准点,C 点为待测设高程为 H_C 的点位,因为 $H_C = H_A - a - b_1 + b_2 + c$,则在 C 点应有的标尺读数为 $c = H_C - (H_A - a - b_1 + b_2)$。

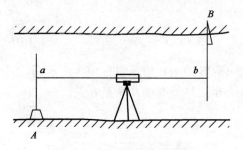

图 10-5　高程点在顶部的测设

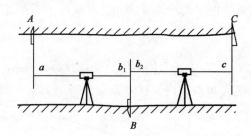

图 10-6　多个测站高程点测设

当待测设点于已知水准点的高差较大时,则可以采用悬挂钢尺的方法进行测设。如图 10-7 所示,钢尺悬挂在支架上,零端向下并挂一重物,A 点为已知高程为 H_A 的水准点,B 点为待测设高程为 H_B 的点位。在地面和待测设点位附近安置水准仪,分别在标尺和钢尺上读数 a_1、b_1 和 a_2。由于 $H_B = H_A + a - (b_1 - a_2) - b_2$,则可以计算出 B 点处标尺的读数为 $b_2 = H_A + a - (b_1 - a_2) - H_B$。同样,图 10-8 所示情形也可以采用类似方法进行测设,即计算得出前视读数为 $b_2 = H_A + a + (a_2 - b_1) - H_B$,再划出已知高程位为 H_B 的标志线。

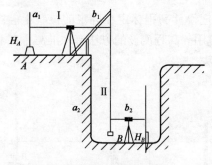

图 10-7　测设建筑基底高程

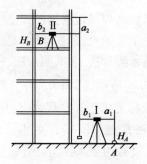

图 10-8　测设建筑楼层高程

四、已知坡度线的测设

已知坡度线的测设是在地面上定出一条直线,其坡度值等于已给定的设计坡度。在交通线路工程、排水管道施工和铺设地下管线等项工作中经常涉及该问题。坡度测设常用的仪器有水准仪、经纬仪和全站仪。

如图 10-9 所示,设地面上 A 点的高程为 H_A,AB 两点之间的水平距离为 D,要求从 A 点沿 AB 方向测设一条设计坡度为 δ 的直线 AB,即在 AB 方向上定出 1、2、3、4、B 各桩点,使其各个桩顶面连线的坡度等于设计坡度 δ。

具体测设时,先根据设计坡度 δ 和水平距离 D 计算出 B 点的高程,即:

$$H_B = H_A - \delta \times D \tag{10-2}$$

计算 B 点高程时,注意坡度 δ 的正、负,图 10-9 中 δ 应取负值。

然后,按照前文所述测设已知高程的方法,将 B 点的设计高程测设到木桩上,则 AB 两点的连线的坡度等于已知设计坡度 δ。

为了在 AB 间加密 1、2、3、4 等点,在 A 点安置水准仪时,使一个脚螺旋在 AB 方向线上,另两个脚螺旋的连线大致与 AB 线垂直,量取仪器高 i,用望远镜照准 B 点水准尺,旋转在 AB 方向上的脚螺旋,使 B 点桩上水准尺上的读数等于 i,此时仪器的视线即为设计坡度线。在 AB 中间各点打上木桩,并在桩上立尺使读数皆为 i,这样各桩桩顶的连线就是测设坡度线。当设计坡度较大时,可利用经纬仪定出中间各点。

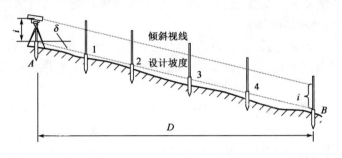

图 10-9　已知坡度线测设

第二节　点的平面位置的测设

点的平面位置测设是根据已布设好的控制点的坐标和待测设点的坐标,反算出测设数据,即控制点和待测设点之间的水平距离和水平角,再利用上述测设方法标定出设计点位。根据所用的仪器设备、控制点的分布情况、测设场地地形条件及测设点精度要求等条件,可以采用以下几种方法进行测设工作。

一、直角坐标法

直角坐标法是建立在直角坐标原理基础上测设点位的一种方法。当建筑场地已建立有相互垂直的主轴线或建筑方格网时,一般采用此法。

如图 10-10 所示,A、B、D、C 点为建筑方格网或建筑基线控制点,1、2、4、3 点为待测设建筑物轴线的交点,建筑方格网或建筑基线分别平行或垂直于待测设建筑物的轴线。根据控制点的坐标和待测设点的坐标可以计算出两者之间的坐标增量。下面以测设

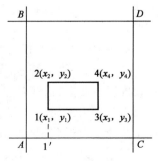

图 10-10　直角坐标法测设点位

1、2 点为例,说明测设方法。

首先计算出 A 点与 1、2 点之间的坐标增量,即 $\Delta x_{A1} = x_1 - x_A$,$\Delta y_{A1} = y_1 - y_A$。测设 1、2 点平面位置时,在 A 点安置经纬仪,照准 C 点,沿此视线方向从 A 沿 C 方向测设水平距离 Δy_{A1} 定出 1′点。再安置经纬仪于 1′点,盘左照准 C 点(或 A 点),转 90° 给出视线方向,沿此方向分别测设出水平距离 Δx_{A1} 和 Δx_{12} 定 1、2 两点。同法以盘右位置定出再定出 1、2 两点,取 1、2 两点盘左和盘右的中点即为所求点位置。

采用同样的方法可以测设出 3、4 点的位置。

检查时,可以在已测设的点上架设经纬仪,检测各个角度是否符合设计要求,并丈量各条边长。

如果待测设点位的精度要求较高,可以利用精确方法测设水平距离和水平角。

二、极坐标法

极坐标法是根据控制点、水平角和水平距离测设点平面位置的方法。在控制点与测设点间便于钢尺量距的情况下,采用此法较为适宜,而利用测距仪或全站仪测设水平距离,则没有此项限制,且工作效率和精度都较高。

如图 10-11 所示,$A(x_A,y_A)$、$B(x_B,y_B)$ 为已知控制点,$1(x_1,y_1)$、$2(x_2,y_2)$ 为待测设点。根据已知点坐标和测设点坐标,按坐标反算方法求出测设数据,即 D_1,D_2,$\beta_1 = \alpha_{A1} - \alpha_{AB}$,$\beta_2 = \alpha_{A2} - \alpha_{AB}$。

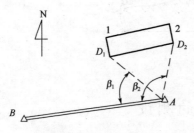

测设时,经纬仪安置在 A 点,后视 B 点,置度盘为零,按盘左盘右分中法测设水平角 β_1、β_2,定出 1、2 点方向,沿此方向测设水平距离 D_1、D,则可以在地面标定出设计点位 1、2 两点。

检核时,可以实地丈量 1、2 两点之间的水平边长,并与 1、2 两点设计坐标反算出的水平边长进行比较。

如果待测设点 1、2 的精度要求较高,可以利用前述精确方法测设水平角和水平距离。

图 10-11 极坐标法测设点位

三、角度交会法

角度交会法是在两个控制点上分别安置经纬仪,根据相应的水平角测设出相应的方向,根据两个方向交会定出点位的一种方法。此法适用于测设点离控制点较远或量距有困难的情况。

如图 10-12 所示,根据控制点 A、B 和测设点 1、2 的坐标,反算测设数据 β_{A1}、β_{A2}、β_{B1} 和 β_{B2} 角值。将经纬仪安置在 A 点,瞄准 B 点,利用 β_{A1}、β_{A2} 角值按照盘左盘右分中法,定出 $A1$、$A2$ 方向线,并在其方向线上的 1、2 两点附近分别打上两个木桩(俗称骑马桩),桩上钉小钉以表示此方向,并用细线拉紧。然后,在 B 点安置经纬仪,同理定出 $B1$、$B2$ 方向线。根据 $A1$

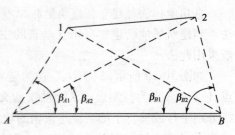

图 10-12 角度交会法测设点位

和 $B1$、$A2$ 和 $B2$ 方向线可以分别交出 1、2 两点,即为所求待测设点的位置。

当然,也可以利用两台经纬仪分别在 A、B 两个控制点同时设站,测设出方向线后标定出 1、2 两点。

检核时,可以实地丈量 1、2 两点之间的水平边长,并与 1、2 两点设计坐标反算出的水平边长进行比较。

四、距离交会法

距离交会法是从两个控制点利用两段已知距离进行交会定点的方法。当建筑场地平坦且便于量距时,用此法较为方便。

如图 10-13 所示,A、B 点为控制点,1 点为待测设点。首先,根据控制点和待测设点的坐标反算出测设数据 D_A 和 D_B,然后用钢尺从 A、B 两点分别测设两段水平距离 D_A 和 D_B,其交点即为所求 1 点的位置。

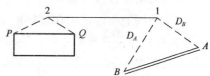

图 10-13　距离交会法测设点位

同样,2 点的位置可以由附近的地形点 P、Q 交会出。

检核时,可以实地丈量 1、2 两点之间的水平距离,并与 1、2 两点设计坐标反算出的水平距离进行比较。

五、十字方向线法

十字方向线法是利用两条互相垂直的方向线相交得出待测设点位的一种方法。如图 10-14 所示,设 A、B、C 及 D 为一个基坑的范围,P 点为该基坑的中心点位,在挖基坑时,P 点会遭到破坏。为了随时恢复 P 点的位置,则可以采用十字方向线法重新测设 P 点。

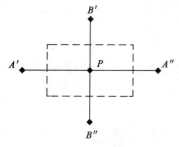

图 10-14　十字方向线法测设点位

首先,在 P 点架设经纬仪,设置两条相互垂直的直线,并分别用两个桩点来固定。当 P 点被破坏后需要恢复时,则利用桩点 $A'A''$ 和 $B'B''$ 拉出两条相互垂直的直线,根据其交点重新定出 P 点。

为了防止由于桩点发生移动而导致 P 点测设误差,可以在每条直线的两端各设置两个桩点,以便能够发现错误。

六、全站仪坐标测设法

全站仪不仅具有测设高精度、速度快的特点,而且可以直接测设点的位置,同时在施工放样中受天气和地形条件的影响较小,从而在生产实践中得到了广泛应用。

全站仪坐标测设法,就是根据控制点和待测设点的坐标定出点位的一种方法。首先,仪器安置在控制点上,使仪器置于测设模式,然后输入控制点和测设点的坐标,一人持反光棱镜立在待测设点附近,用望远镜照准棱镜,按坐标测设功能键,全站仪显示出棱镜位置与测设点的坐标差。根据坐标差值移动棱镜位置,直到坐标差值等于零,此时,棱镜位置即为测设点的点位。

为了能够发现错误,每个测设点位置确定后,可以再测定其坐标作为检核。

第三节　机场飞行区方格网测量

在机场工程测量中,通常采用方格网作为飞行区的基本控制。方格网分为主方格网和加密方格网两级。主方格网是加密方格网的基础,也是飞行区施工阶段测量工作的基本控制;加密方格网是测绘方格地形图和场地土方平整的依据。

一、飞行区主方格网的测设

1. 场道主方格网的布设

主方格网的布设一般在详勘的 1:2 000 地形图上进行。先将设计的场道平面展绘在图上,主方格网布设三条相互平行的纵轴线,一条布设在跑道中心线上,称为主轴线;一条布设在土跑道外侧 40m 处;一条布设在停机坪外侧 40m 处。主方格网的边长,一般为 200~400m,组成正方形或矩形格网。主方格网边长应是加密方格网边长的整倍数。

主方格网的横轴线应根据场道的大小来布设。一般在端保险道外 40m 处设置一条,其余从跑道端点开始,每隔 200~400m 设置一条横轴线,如图 10-15 所示。

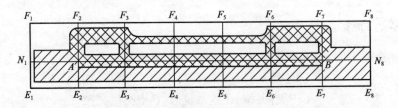

图 10-15　飞行区主方格网示意图

主方格网点应埋设 8 个以上的永久性标志,永久性标志规格通常为 $20cm \times 20cm \times 80cm$ 的水泥桩。

2. 主轴线的测设

主方格网布设完成后,就可以测设于实地,测设程序是首先测设主轴线,然后再测设其他主方格网点。

主轴线的测设,一般根据现场已确定的跑道位置的两个端点进行,即以其中一个端点为基本控制点,以另一端点为基本控制方向。若两端点间距离较长或通视有困难时,可在其间增设一个定向点。如图 10-16 所示,A、B 为跑道的两个端点,首先在主轴线上适当位置,概略地定出 C' 点,在 C' 点安置仪器,测出角度 γ,若角度 γ 与 180° 的差值在 ±8″ 以内时,则 C' 点即可作为 AB 轴线的定向点,否则应调整 C' 点的位置。调整的方法是,先计算 $C'C$ 的长度,然后自 C' 点向轴线方向量取 $C'C$,得定向点 C,即:

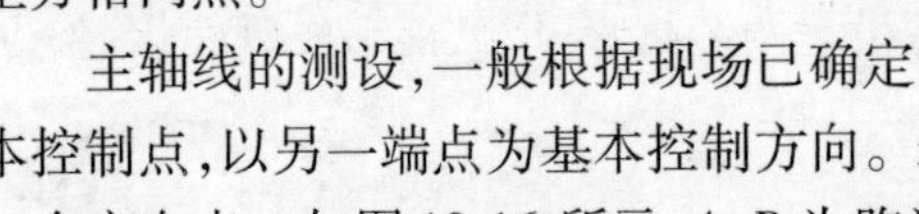

$$C'C = \frac{\beta''}{\rho''}a \qquad (10\text{-}3)$$

或:

$$C'C = \frac{\alpha''}{\rho''}b \qquad (10\text{-}4)$$

图 10-16　主轴线测设示意图

由上述两式计算结果进行校核,最后取平均值。

主轴线的方向确定以后,就可以测设主轴线上的方格点,主轴线上方格点的测设方法参照全站仪放样距离法。

3. 横轴线端点测设

主轴线上方格点测设完成后,就可以以此为基础来测设平行于主轴线的另两条轴线上的方格点,即横轴线端点,这样就构成主方格网。

横轴线端点的测设方法,通常采用转角量距法、前方交会法和方向线交会法等。具体操作请读者参阅相关章节。

4. 主方格网点高程测量

主方格网点测设完成后,就可以进行主方格网点的高程测量。主方格网点的高程是场区土方平整和人工道面施工的高程依据,其测量方法为直接水准测量,布设水准环线。水准测量的精度按国家四等水准测量要求,环线高差闭合差应在 $\pm 20\sqrt{L}$ (mm) 以内,其中 L 为水准环线长度。

二、加密方格网的测设

加密方格网是为测绘 1:2 000 方格地形图,进行地势设计、计算土方量和地面平整而测设的。

1. 加密方格网的布设

机场加密方格网,是在主方格网的基础上,布设成若干个正方形或矩形格网。加密方格网的边长应能等分主方格网边长,例如若主方格网边长为 400m 或 200m 时,则加密方格网宜布设成 40m×40m 的正方形格网。此外,为了便于土方量计算和地面平整,常在一些变坡线处,例如跑道的两边线、平行滑行道的两边线,加设一排方格桩。

加密方格网点桩号的编号,可以采用不同的方法,以测设和使用方便为原则,其中常用的一种方法是:纵方向以零、一、二、…排列,跑道中轴线以"中"字表示,除变坡线外,一般每排间隔 40m;横方向以其离开端点距离 10m 为单位,用阿拉伯数字表示,如图 10-17 中的桩号"三-64",其中"三"表示第三排,"64"表示该点距端点以 10m 为单位的距离,即 640m。

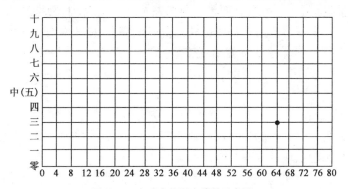

图 10-17　加密方格网点编号示意图

2. 加密方格网的测设

加密方格网点的测设,是在主方格网点的基础上进行的。加密方格网点的测设误差不得超 ± 200 mm。

（1）在主方格纵向边上穿桩加密

如图 10-18 所示，N_2N_3 和 F_2F_3 为主方格网的纵向边。将全站仪安置在 N_2 点上，照准 N_3 点。自 N_2 点沿 N_2N_3 方向使用测设距离 40m，依次定出 N_2N_3 方向上的 4、8、12、…，若至 N_3 点与 40m 整尺段相差超过 ±200mm 时，则应按比例改正 4、8、12、…的位置。

用同样的操作方法，定出 F_2F_3 边上的 4′、8′、12′、…

（2）横向穿桩加密

沿 0-0′（N_2-F_2）、4-4′、8-8′、…，用全站仪和测杆定出主方格网内所有的加密方格点。

加密方格网测量不仅作业面大，而且方格网点多，为了使工作不致紊乱，应有计划地、按主方格逐次加密，事先拟定好计划，编好桩号，以主方格为单位，按排或列把编号的木桩分送到预定地点。

3. 加密方格点的高程测定

（1）面水准测量

加密方格网点的高程，采用面水准测量法进行测量，测量时以主方格网为基础，在主方格内适当位置架设仪器，考虑水准测量视距的要求（仪器至最远点的视距不应超过 160m），合理选择测站数。例如，主方格网大小为 400m×200m 时，可设两个测站；若主方格网为 400m×400m 时，应设四个测站，如图 10-19 所示。

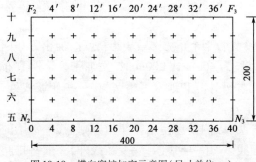

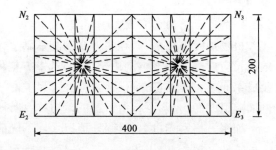

图 10-18　横向穿桩加密示意图（尺寸单位：m）　　　图 10-19　加密方格网点高程测量（尺寸单位：m）

测量时，以主方格网中一桩点（例如 N 点）为后视点，求出视线高程，然后用水平视线读取各加密方格点上标尺读数（一般读至厘米），并按桩号记入手簿内，视线高程减去标尺读数，即得标尺点的高程。一个测站上所有加密方格点高程测完后，应闭合到另一个主方格点上（如 E 点），以检查视线高程的正确性和仪器有无变动，其允许闭合差不得大于 ±3cm。第一站测完后，仪器移至下一站，依同样方法观测，在第二站观测时，应观测 2～3 个站已测定的加密方格点，以资检查。

（2）方格地形图绘制

飞行区所有加密方格网点的地面高程测定后，就可绘制方格地形图，方格地形图是地势设计、土方计算、土方调配和场道平整的依据。

方格地形图的绘制方法是：首先在图板上按一定比例尺展绘方格网，同时标出跑道中心线。然后根据实测的方格网点高程，注记在方格网交点的右上角上，一般注记至厘米。最后根据方格网点的位置及其高程，对照实地勾绘等高线。等高距根据地形条件和需要而定，对于 1∶2 000 比例尺方格地形图，其等高距一般 1m 或 0.5m。对于场区内的突出地物，例如水坑、土包、坟丘、水渠等可到实地补测。方格地形图如图 10-20 所示。

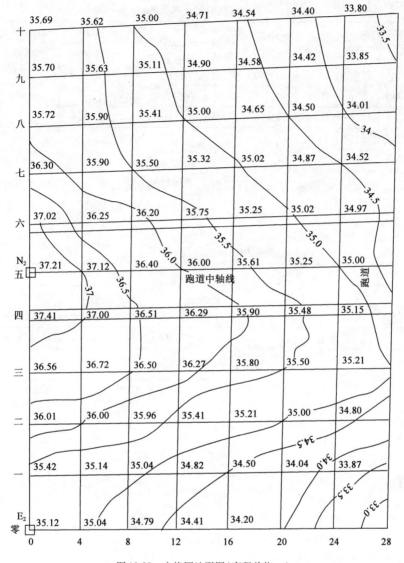

图 10-20　方格网地形图(高程单位:m)

三、飞行区方格网测量技术要求

飞行区平面控制网通常布设成方格网的形式,可分为主方格网和加密方格网两级,其测设应符合《军用机场勘测规范》(GJB 2263A—2012)和《工程测量规范》(GB 50026—2007)的规定。施工测量控制桩(网)的等级划分、应用范围及技术要求,应符合表 10-1 和表 10-2 的规定。

飞行区施工测量平面控制网的等级划分标准　　　　　　　　　　表 10-1

平 面 控 制 等 级	技 术 要 求	应 用 范 围
一级	二级导线	首级控制(主方格网)
二级	三级导线	加密方格网,附合在主方格网上的扩展导线

平面控制测量技术要求　　　　　　　　表 10-2

平面控制等级		导线长度（km）	平均边长（km）	测角中误差（″）	测距中误差（mm）	测距相对中误差	测 回 数		方位角闭合差（″）	相对闭合差
							2″级仪器	6″级仪器		
一级	二级导线	2.4	0.25	8	15	≤1/14 000	1	3	$16\sqrt{n}$	≤1/14 000
二级	三级导线	1.2	0.10	12	15	≤1/7 000	1	2	$24\sqrt{n}$	≤1/7 000

注:表中 n 为测站数。

　　飞行区方格网高程测量可分为一、二、三级,对应水准测量等级依次分为二、三、五等,可根据场区的实际需要布设,特殊需要可另行设计。高程控制网的建立应符合《军用机场勘测规范》（GJB 2263—1995）和《工程测量规范》（GB 50026—2007）的规定,主要技术要求见表 10-3和表 10-4。

高程控制网的等级划分标准　　　　　　　　表 10-3

高程控制等级	技术要求	应 用 范 围
一级	二等水准	首级控制
二级	三等水准	加密控制:道面混凝土及排水沟、管道等主体工程
三级	五等水准	二级控制范围以外的工程,如土质地带、靶堤、掩体、土明沟、道路等

高程控制测量技术要求　　　　　　　　表 10-4

高程控制等级		每千米高差全中误差（mm）	路线长度（km）	水准仪型号	水准尺	观 测 次 数		往返较差、闭合差附合或环线	
						与已知点联测	附合或环线	平地（mm）	山地（mm）
一级	二等水准	2		DS₁	因瓦	往返各一次	往返各一次	$4\sqrt{L}$	
二级	三等水准	6	≤50	DS₁	因瓦	往返各一次	往一次	$12\sqrt{L}$	$4\sqrt{n}$
				DS₃	双面		往返各一次		
三级	五等水准	15		DS₃	单面	往返各一次	往一次	$30\sqrt{L}$	

注:1. 表中 n 为测站数、L 为往返测段、附合或环线水准线路的长度(单位为 km);
　　2. 结点之间或结点与高级点之间,其线路的长度不应大于表中规定的 0.7 倍。

第四节　飞行区施工测量

　　在飞行区施工中,测量工作的主要任务是,将设计的平面位置和高程位置放样到实地上,以指导施工的进行。施工放样工作的依据是场区主方格网和设计文件,即飞行区总平面图、地势设计图、道坪分仓图和地下管线图等。因此,在施工前应对主方格网点的平面位置和高程进行检测。检测的方法是平面位置以测角为主,实测值与理论值之差不应超过 ±30″;高程位置主要检测相邻两主方格点间的高差,按原等级(四等)精度要求进行观测,检测高差与原有高差之差不应超过 $\pm30\sqrt{R}$(mm),其中 R 为观测路线距离,单位为 km。凡平面位置和高程位置检测超限时,应查明原因,进行重测或补测。此外,测量人员应熟悉设计文件和施工要求。

一、土方平整中的测量工作

飞行区土方平整工作一般分两步进行,首先用机械平整整个飞行区的土方,然后用人工平整和修饰道面基础。

1. 机械平整土方中的测量工作

用机械平整土方,就是对整个飞行区的土方进行平衡、调配,获得一个与设计的飞行区表面比较接近的实地表面。这个阶段的测量工作主要包括以下几方面的内容:

(1)根据地势设计图,计算并标出加密方格点的工作高程(填、挖深度)。依据工作高程绘制土方调配图,如图 10-21 所示,深黑色区为深挖区,浅黑色区为浅挖区,斜线区为高填区,竖线区为低填区,空白区为不填、不挖区。

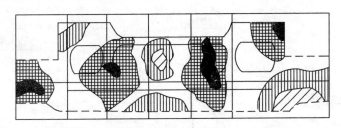

图 10-21　土方调配示意图

(2)根据主方格网点和设计图,用花杆定向,皮尺量距放样出场道边线轮廓,并用白灰或挖浅沟标定。在边线转折点处应打木桩。

(3)按照土方调配图,在实地标出填挖零线。对于深填区,用测旗或花杆标出填土高度;对于低填区,用"样堆"标出填土高度。

当挖方距设计高程为 20～30cm 时,应进行一次加密方格测量,在加密方格点桩上标明挖方深度。

2. 人工平整土方中的测量工作

飞行场区经机械平整后,对场道基础还需进行人工平整。这个阶段的测量工作主要包括以下几方面的内容:

(1)根据主方格网点和施工控制桩,按设计图的要求,将主跑道、滑行道的轴线和边线测设到实地。由于在道床施工碾压过程中,不可避免地会破坏轴线桩和边线桩,为了在道床分层铺设能迅速恢复轴线桩和边线桩,应在挖方以外 3m 处设置轴线桩和边线桩的保护桩。对轴线桩、边线桩和保护桩还应进行穿线检查。

(2)由于飞行区地面平整精度要求高,特别是道床基础的高程要求更严,其允许误差为 ±20mm。同时,在机械平整中,原加密方格网点已遭破坏,因此在人工平整中,还应进行加密方格网测量,在平地区和土跑道区一般采用 20m×20m 加密方格,在人工道面区应根据道面宽度布置矩形加密方格。加密方格网的测量方法与前述相同。

(3)在人工道面分层铺设时,应在上道工序竣工测量的基础上,根据铺筑厚度的要求,在竣工测量桩的侧面标出铺筑层上表面线。

3. 场地平整偏差要求

不同施工区域场地整平允许偏差见表 10-5。道坪区土方完成后,在跑道及平滑道高填方区(指回填高度超过4m的区域)分别设立3~5个分层沉降观测点,在跑道及平滑道填方区的中心线上每隔100m布设一个表面沉降观测点。

场地整平允许偏差表

表 10-5

部　　位	监测项目	允许偏差
道坪土基	高程	−20mm,+10mm
	平整度	20mm
	宽度	设计值+0.50m
土质地带	高程	+30mm
	宽度	不小于设计
	坡度	不陡于设计
靶堤掩体	高程	±30mm
	顶宽	不小于设计
	边坡	不陡于设计

二、施工控制网建立

场道经过土方平整、碾压之后,加密方格网点已被破坏,为了放样人工道面的基础,必须在主方格网基础上重新建立施工控制。施工控制一般在平地区靠近跑道和滑行道近约5m处各布设一条直伸导线,如果搅拌机位于平地区,则靠近跑道的这条直伸导线,可布设在土跑道一侧,如图10-22所示,导线边长一般以150m为宜。

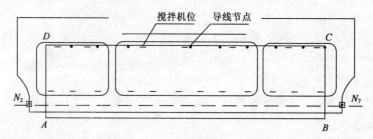

图 10-22　飞行区导线布设示意图

施工控制导线的两个端点,可由跑道两个端点的主方格桩用极坐标法测出,如图中的 A、B、C、D 四点可由 N_2 点和 N_7 点放出,从主方格点测设导线点的精度要求,与测设主方格网横轴线的精度要求相同。极坐标法测设点位的误差可用下式计算:

$$m_p = \pm S \sqrt{\left(\frac{m_S}{S}\right)^2 + \left(\frac{m_\beta}{\rho}\right)^2} \tag{10-5}$$

式中: S——设站点到待设点间距离;

$\dfrac{m_S}{S}$——距离放样的相对中误差;

m_β——角度放样中误差。

设 $S=200\text{m}$, $\dfrac{m_S}{S}=\dfrac{1}{10\,000}$, $m=\pm 10''$,则放样的点位误差 $m=\pm 2.2\text{cm}$。

设导线两端点放样误差相等,则导线两个端点相对点位误差为:

$$m_l = m_p \sqrt{2} = \pm 3.1(\text{cm})$$

由于施工导线 AB(或 CD)长度一般接近于跑道长度,设跑道长度为 2km 时,则导线两端点的放样误差对导线全长的影响为 1/60 000。由此可知,AB(CD)导线的相对精度主要取决于主方格网的精度,而放样误差对其影响是很小的。

为了使 A、B、C、D 组成矩形,在 A、B、C、D 设站,用仪器测定其内角和 AD、BC 的距离,以 A、B 为固定点计算 C、D 的坐标,根据计算值与其理论值的差值来调整 C、D 的位置。

施工控制导线两个端点确定以后,用全站仪导线测量法确定中间其他各导线点,导线距离闭合差按比例配赋到各段上。

导线点一般也兼作高程控制点,因此,在标石顶部应设置突出的半球形标志。高程控制点应用三等水准进行联测,要求相邻导线点间的高差中误差不应大于 $\pm 2\text{mm}$。

三、立模测量

道面基础铺筑完成后,就可进行混凝土道面的施工,立模测量就是将设计的道面分仓在实地标定出来,为立模和浇灌混凝土提供依据。立模测量的方法是根据道面仓板的形状而定。机场道面分仓主要采用四边形和六边形仓板,其中四边形应用最广。下面以四边形仓板的立模测量为例作一介绍。

1. 放样轴线桩和边线桩

首先根据主方格桩或施工控制桩放样出跑道的轴线桩和边线桩。如图 10-23 所示,在跑道轴线上 Q_1 点安置仪器,照准 Q_2 点,依正、倒镜反拨 90°,按设计距离放样出边线桩 H_1、M_1。同理在 Q_2 点放样出 H_2、M_2 各点。

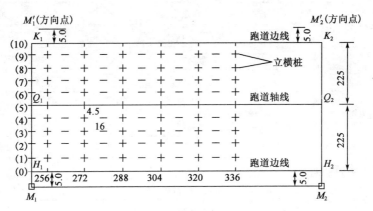

图 10-23 跑道轴线和边线放样示意图(尺寸单位:m)

2. 立模桩放样

根据分仓图的设计尺寸,如图 10-23 中的立模桩位为 4m×4.5m 的四边形仓板,横向间距 [(0)-(1)]、[(1)-(2)]、…[(9)-(10)] 均为 4.5m,纵向间距(256-272、…)为 4 个仓板间距(即 16m)。其放样方法是,在 H_1 点安置仪器,照准 H_2 点,依正倒镜定向,按设计距离放样出 (0)-256、(0)-272、…,同法将仪器安置在 Q_1 点照准 Q_2 点放样出 (5)-256、(5)-272 等轴线上各点,在 M_1 点放样出 (10)-256、(10)-272 等各点,各点打入木桩,桩上设置标志。然后将仪器置于(0)-256点,照准(10)-256点,并用(5)-256作检查,放出(1)-256、(2)-256、…、(9)-256各点。同理测设其他各立模桩。

3. 支模测量

支模测量是指水泥混凝土面层施工前,为确保模板位置支设正确而进行的测量。依据测量放样轴线,将选好的质量合格的模板沿轴线立模,模板要保证内侧在轴线上,应根据混凝土分块图的平面位置与高程,将模板支立准确,模板之间连接紧密、平顺,不得有离缝、前后错台和高低不平现象。模板支撑应予以固定,用预制的混凝土块顶撑或用钢钎固定,模板的连接处更应加强。固定装置应在模板外侧,并低于模板顶面约2cm,便于施工操作。

模板支立好后要用经纬仪、水准仪逐块检查,为防止模板顶面在混凝土浇灌过程中移动,还需要在振捣与抹面后检查其高度是否变化,以确保道坪混凝土高程的精度要求。支模允许误差为:平面位置:±5mm;高程:±2mm;直线性:5mm(用20m长线拉直检查,量最大值)。

四、排水工程测量

机场排水工程施工测量主要是指土明沟、砌石明沟、砌石盖板沟、钢筋混凝土盖板沟、钢筋混凝土管涵、钢筋混凝土检查井和雨水口等集水、排水设施在施工过程中的测量工作。机场排水工程施工测量的主要任务是:控制排水沟线形,进行排水设施位置放样,控制排水设施底面高程,进行排水设施底面高程放样。机场排水工程施工控制测量可直接利用飞行区已建的控制网点或其加密点;远离飞行区的排水工程的控制测量可单独建立控制网。

机场排水工程施工测量监测项目允许偏差要求见表10-6。

排水工程施工测量允许偏差 表10-6

工 程 类 别	监 测 项 目	允 许 偏 差(mm)
沟槽(基坑)开挖、回填	沟槽中线	100
	沟槽(基坑)底面高程	+20、-30
盖板沟、井、圆管等垫层	高程	+10、-20
	宽度	不小于设计要求
圆管基础	高程	+5、-20
	宽度	不小于设计要求
混凝土、钢筋混凝土盖板沟	中线位置	20
	沟内宽度	±10
	沟内底高程	+5、-10
混凝土集水井和出水口	中心线位置	30
	内底高程	±10
	出水口内底高程	±20
土明沟	中心线位置	100
	沟底高程	+30、-50
	断面尺寸	不小于设计
	沟底坡度	符合设计

各类排水沟在沟槽开挖前,应校核原测中线,增设施工平面、高程控制桩,并根据沟槽设计及土质情况计算开槽宽度和深度,在地面上定出开挖边线。沟槽在开挖至沟底时,要严格控制高程,接近设计高程时,采用人工精心修底,严禁扰动下层土体。

各类排水沟沟底高程放样可按以下步骤进行:①根据排水沟两个端点实测高程及其纵横坡度和沟中线点间距,计算沟面设计高程;②根据沟面设计高程及排水沟设计图中沟的深度,计算沟底设计高程;③实地标定沟底各桩位,并用水准测量方法测出各桩位实地高程;④根据沟底设计高程、同桩位的实地高程及沟基础厚度,计算下挖深度;⑤将下挖深度用书面形式通知施工人员开挖沟槽;⑥沟基挖成后,在沟基边墙上用水准仪放出沟底设计高程位置,用木桩标出。

五、附属工程测量

附属工程施工测量内容主要包括防吹坪、导流坪、平行公路、围界等工程的施工测量。附属工程施工控制测量可直接利用飞行区已建的控制网点或其加密点,远离飞行区的附属工程的控制测量可单独建立控制网。

防吹坪、导流坪的土方工程、基层工程、混凝土面层工程施工测量与前面主体部分要求相同。防吹坪、导流坪施工测量允许偏差见表10-7。平行公路、围界施工测量可参考公路相关要求。

防吹坪、导流坪施工测量允许偏差　　　　　表10-7

工程类别	测量项目		允许偏差(mm)
导流坪	位置		±50
	平面尺寸	长度	±50
		宽度	±50
	断面尺寸	墙厚	±20
		坪厚	−10
	高程	墙顶	−10, +20
		坪面	−20, +10
防吹坪	平面尺寸	长度	±50
		宽度	±50
	断面尺寸	墙厚	
		坪厚	−10
	高程	墙顶	−10, +20
		坪面	−20, +10

复习思考题

1. 施工测量与地形图测绘的主要区别是什么?
2. 施工测量为什么应按照"从整体到局部"的原则?
3. 施工测量的基本工作有哪几项? 与量距、测角、测高程的区别是什么?

4. 测设平面点位有哪几种方法？各适用于什么场合？

5. 测设高程有哪几种方法？各适用于什么场合？

6. 飞行区施工平面控制测量的主要布设形式是什么？主要技术要求有哪些？

7. 飞行区施工高程控制网的主要布设形式是什么？主要技术要求有哪些？

8. 飞行区施工测量主要包括哪些内容？

9. 土方平整中的测量工作有哪些？

10. 立模测量包括哪些工作？应注意哪些问题？

11. 简述排水沟沟底高程放样的步骤。

参 考 文 献

[1] 覃辉.土木工程测量学[M].上海:同济大学出版社,2013.

[2] 郭宗河.测量学[M].北京:科学出版社,2010.

[3] 蒋辉,潘庆林,刘三枝.数字化测图技术及应用[M].北京:国防工业出版社,2007.

[4] 李天文.现代测量学[M].北京:科学出版社,2007.

[5] 李天文,龙永清,李庚泽.工程测量学[M].北京:科学出版社,2011.

[6] 张正禄.工程测量学[M].武汉:武汉大学出版社,2005.

[7] 孔达.工程测量学[M].北京:高等教育出版社,2007.

[8] 翟翊,赵夫来.现代测量学[M].北京:解放军出版社,2003.

[9] 韩山农.公路工程施工测量[M].北京:人民交通出版社,2006.

[10] 种小雷.机场工程勘测概论[M].北京:人民交通出版社股份有限公司,2015.

[11] 李战宏.现代测量技术[M].北京:煤炭工业出版社,2009.

[12] 罗志清.测量学[M].昆明:云南大学出版社,2012.

[13] 中华人民共和国国家标准.GB 50026—2007 工程测量规范[S].北京:中国计划出版社,2008.

[14] 中华人民共和国行业标准.JTG C10—2007 公路勘测规范[S].北京:人民交通出版社,2007.

[15] 机场勘测规范[S].北京:中国人民解放军总后勤部,2012.

[16] 机场场道工程质量评定标准[S].北京:中国人民解放军总后勤部,2006.

[17] 机场场道工程施工验收规范[S].北京:中国人民解放军总后勤部,2005.

[18] 曾振华,凌小勤.三、四等水准测量记录、计算程序的开发应用[J].实验室研究与探索,2013,32(12):96-100.

[19] 李慕群.无定向导线测量浅谈[J].内蒙古煤炭经济,2014,(2),114,133.

[20] 王洪斌,任海锋,张冀辉.全站仪自由设站边角交会网在铁路精密控制测量中的应用[J].测绘与空间地理信息,2013,36(12):221-223.

[21] 梁巍.浅谈GPS技术在公路工程控制测量中的应用[J].科技创新导报,2013,(34):31.

[22] 郎博,邱亚辉.RTK在公路工程控制测量中的应用分析[J].科技创新导报,2014,(4):125.

[23] 李思安.GPS在公路桥梁施工控制测量中的应用[J].黑龙江交通科技,2013,(2):101.

[24] 张玉,苑平永.小区域独立系统控制测量问题的探讨[J].测绘与空间地理信息,2013,(3):197,198.

[25] 陆华慰.RTK技术在大比例尺地形图控制测量中的应用[J].科技资讯,2013,(12):34.

[26] 杨延利,王远扬.控制测量标志建立的一种新方法[J].测绘与空间地理信息,2013,(5):163,164.

[27] 王芳.Excel在控制测量计算中的应用[J].内江师范学院学报,2013,28(8):96-100.

[28] 李添国.基于 GPS 的控制测量技术研究[J].测绘与空间地理信息,2013,(12):40,41.

[29] 李志伟,柳卓.用无定向导线进行加密控制测量[J].测绘地理信息,2013,38(6):37,38.

[30] 刘顺焰.探讨机场跑道真北方向实地测量方法[J].北京测绘,2014,(2):72-74.

[31] 郑卫锋,孙奉劼,李锡文.基于 RTK 的机场坐标测量误差分析[J].全球定位系统,2013, 38(5):87-89.

[32] 王建国,王长路,黄曙清,等.机场净空区障碍物单向三角测量的方法及精度分析[J].测绘科学,2012,(2):61.

[33] 李同贵,王梦杰,尹锐.数字化测量在昆明新机场项目中的应用[J].施工技术,2009, (S2):396,397.

[34] 曹爱民,杨波.现代测绘新技术在民用机场建设中的应用[J].测绘与空间地理信息, 2010,33(1):104-106.

[35] 戴中东,梁孟华.AutoCAD VBA 在机场净空测量中的应用[J].北京测绘,2006,(3): 12-15.

[36] 陈建水,张高兴.机场净空障碍物测量方法探讨[J].科技经济市场,2006,(6):6.